谁种谁赚钱·设施蔬菜技术丛书

瓜类蔬菜设施栽培

常有宏　余文贵　陈　新　主　编

陈学好　陈龙正　曾爱松　等　编　著

U0238534

中国农业出版社

图书在版编目（CIP）数据

瓜类蔬菜设施栽培/陈学好等编著．—北京：中国农业出版社，2013.8（2016.9 重印）
（谁种谁赚钱·设施蔬菜技术丛书/常有宏，余文贵，陈新主编）
ISBN 978 - 7 - 109 - 18115 - 1

Ⅰ.①瓜…　Ⅱ.①陈…　Ⅲ.①瓜类蔬菜－温室栽培
Ⅳ.①S627.5

中国版本图书馆 CIP 数据核字（2013）第 166736 号

中国农业出版社出版
（北京市朝阳区农展馆北路 2 号）
（邮政编码 100125）
责任编辑　杨天桥

中国农业出版社印刷厂印刷　　新华书店北京发行所发行
2013 年 8 月第 1 版　　2016 年 9 月北京第 2 次印刷

开本：850mm×1168mm 1/32　印张：5.625　插页：5
字数：138 千字　　印数：4 001～7 000 册
定价：20.00 元
（凡本版图书出现印刷、装订错误，请向出版社发行部调换）

编 著 者

陈学好　王　欣
第一章　黄瓜设施栽培

陈龙正
第二章　苦瓜设施栽培
第四章　西葫芦设施栽培

高　兵　宋立晓　曾爱松　严继勇
第三章　南瓜设施栽培

我国农民历来有一个习惯，不论政府是否号召，家家户户都要种菜。

在人民公社化时期，即使土地是集体的，政府也划给一家一户几分"自留地"种菜。白天，农民在集体的土地上种粮，到了收工的时候，不管天黑，也不顾饥肠辘辘，一放下工具就径直奔向自留地，侍弄自家的菜园。因为，种菜不仅可以满足一家人一年的生活，胆大的人还可以将剩余的菜"冒险"拿到市场上换钱。

实行分田到户后，伴随粮食的富余，种菜的农民越来越多。因为城里人对蔬菜种类和数量的需求日益增长，商品经济越来越活跃，使农民直接看到了种菜比种粮赚钱。

近一二十年来，市场越来越开放，农业生产分工越来越细，种菜的农民也越来越专业，他们不仅在露地大面积种菜，还建造塑料大棚、日光温室，甚至蔬菜工厂等，从事设施蔬菜生产。因为，在设施内种菜，可以不受季节限制，不仅一年四季都有新鲜菜上市，也为菜农增加了成倍的收入。

巨大的商机不仅让农民获得了实惠，也使政府找到了"抓手"。继"菜篮子工程"之后，近年来，各地政府又不断加大了对设施蔬菜的资金补贴，据2010年12月国家发展和改革委员会统计：北京市按中高档温室每亩1.5万元、简易温室1万元、钢架大棚0.4万元进行补贴；江苏省紧急安排1亿元蔬菜生产补贴，扩大冬种和设施蔬菜种植面积；陕西省安排补贴资金2.5亿元，其中对日光温室每亩补贴1 200元，设施大棚每亩补贴750元；宁夏对中部干旱

和南部山区日光温室、大中拱棚、小拱棚建设每亩分别补贴
3 000 元、1 000 元和 200 元……使设施蔬菜的发展势头迅
猛。截止到 2010 年，我国设施蔬菜用 20％的菜地面积，提
供了 40％的蔬菜产量和 60％的产值（张志斌，2010）！

万事俱备，只欠东风。目前，各地菜农不缺资金、不愁
市场，缺的是技术。在设施内种菜与露地不同，由于是人造
环境，温、光、水、气、肥等条件需要人为调节和掌控，茬
口安排、品种的生育特性要满足常年生产和市场供给的需
要，病虫害和杂草的防控需要采用特殊的技术措施，蔬菜产
品的质量必须达到国家标准。为了满足广大菜农对设施蔬菜
生产技术的需求，我社策划出版了这套《谁种谁赚钱·设施
蔬菜技术丛书》。本丛书由江苏省农业科学院组织蔬菜专家
编写，选择栽培面积大、销路好、技术成熟的蔬菜种类，按
单品种分 16 个单册出版。

由于编写时间紧，涉及蔬菜种类多，从选题分类、编写
体例到技术内容等，多有不尽完善之处，敬请专家、读者
指正。

2013 年 1 月

目录

第一章

黄瓜设施栽培

黄瓜，也称胡瓜、青瓜。在我国，习惯上将黄瓜分为两大系统，即华南系黄瓜和华北系黄瓜。华南系黄瓜瓜条粗短，皮韧性强，果皮光滑无刺，瓤腔较大；华北系黄瓜瓜条长大，皮薄而脆，果皮有瘤或刺。华南系黄瓜中也有瓜条长大、瓤腔较小的类型。

黄瓜具有喜温（但不耐高温）、喜湿（但不耐涝）、耐弱光等特性，既可露地栽培也可设施栽培。黄瓜设施栽培通过选用不同品种，可实现周年生产周年供应。

黄瓜是人们喜食的蔬菜之一，含有很多对人体有益的营养素，如维生素 A 和维生素 C、胡萝卜素、丙醇二酸以及多种有益矿物质等，其营养价值极高，兼具美容、营养及保健多种作用。

一、黄瓜生物学特性

（一）植物学性状

1. 根系

（1）浅根性　黄瓜通常主根向地伸长，并且不断地分生侧根，但只有根基部所生的侧根比较强壮，并且向四周横向伸展，与主根一起形成骨干根群。骨干根群主要分布在 20 厘米深的表土层内。由于根系浅，吸水、吸肥能力较弱，耐旱能力较差。

（2）好气性　黄瓜根系具有需氧较多的特点，所以黄瓜耐涝力差，田间积水不利于植株生长，栽培黄瓜需要为它创造疏松、肥沃的土壤条件。

（3）木栓化 黄瓜根系的维管束鞘容易老化（木栓化），根系受伤后再生力差，苗龄越大，再生力越差，栽培中尤其是在移苗时需采取护根措施，采用营养钵育苗时，应在子叶期移苗。采用穴盘法育苗有利于保护根系。

2. 茎蔓 黄瓜是蔓性作物，茎不能直立，故称为蔓。绝大多数品种为无限生长型，也有少数品种在生长到一定节位后开花封顶呈现矮生特性；每一叶腋可萌生侧蔓，因此侧蔓多；多数品种于第 3 片叶以后，叶腋间产生不分枝的卷须；瓜蔓与土壤接触时，节上容易发生不定根。

3. 叶片 黄瓜叶片多为扇形，多数品种叶片正反面被有毛刺，也有少数品种的叶片无毛刺；叶片互生，呈绿色到黄色，是黄瓜主要的光合作用器官。

4. 开花习性

（1）性型多样性 黄瓜的花分化为雄花、雌花和两性花。根据雌雄或两性花在植株上的分布或多少将性型分为六大类：

雌雄间生型：开始出现雄花，以后雌雄交替出现，雌雄都可连生数节。

混生雌生型：开始出现雄花，继而雌雄混生，然后连续出现雌花。

雌性型：全株雌花，不生雄花或下部出现雄花后再雌化（出现雌花），用赤霉素、硝酸银、硫代硫酸银诱雄后再自交保存。

两性雄性型：开始出现雄花，然后雄花和两性花混生，基本上不生雌花。

雄性型：全株只生雄花。无利用价值，用乙烯利诱雌花后再自交保存。

两性型：全株只生两性花，或基部生少数雄花后连续发生两性花。

（2）雌雄蕊成熟特征 一般开花前两天雌蕊成熟，开花后一天仍有效，而雄花则在开花前 3～5 小时才成熟，开花当天上午花药开裂散出花粉。

（3）花粉活力 花粉的寿命在自然条件下经 4～5 小时即失去活力，尤其是在高温条件下寿命更短。保持花粉生活力的最适温度是 20～25℃，低于 10℃、高于 35℃，花粉生活力均明显下降，使受精不良，容易形成畸形瓜。自然露地条件下以 5 月上旬至 6 月中旬的瓜形最好，就是这个道理。

（4）单性结实特性 全雌性水果型黄瓜品种（彩图 1-1）全株只生雌花而无雄花，但这类品种在良好的温光及肥水管理条件下，雌花不经授粉或生长调节剂处理均能正常发育成果实，这一结实现象称为"单性结实"。黄瓜单性结实特性在设施无虫媒条件下具有重要作用，特别是在冬季日光温室栽培中更具有优势。

（5）结果习性 黄瓜具有连续开花结果的特点，根据主侧蔓结果能力的差异分为三类：①主蔓结果为主，如多数黄瓜品种；②侧蔓结果为主，如猕猴桃黄瓜；③主侧蔓均能结果，如水果型小黄瓜。

（二）对环境条件的要求

黄瓜喜温暖、强光、疏松的土壤，沙土或沙壤土为好，pH微酸性至中性为宜。黄瓜是一种冷敏感作物，也不耐高温。生长适宜温度 20～30℃，最高温度 30～35℃，最低温度 10℃，5℃以下受冷害。苗期对低温最敏感，尤其是较低的地温，通常地温若低于 12℃，根系生理活动就会减弱，表现为合成能力、吸收能力均下降，常引起地上部叶片发黄。黄瓜在 10℃ 以下生长基本停止。黄瓜生长期特别是进入开花结果期需要较强的光照条件果实才能正常发育膨大并具有良好的风味，同时又具有较好的耐弱光性，这和它的原产地有关（产于印度森林地区），如在冬季日光温室条件下，只要温度适宜，就可使黄瓜生长基本正常，果实风味不会明显变差，不像番茄在弱光下糖/酸比值明显偏低，使果实酸味增加。因此，黄瓜可在春、夏、秋、冬四季栽培，实现周年生产周年供应。

黄瓜根系浅，主根不明显，吸收力较弱，需要保持土壤湿润。但空气湿度不要太高，否则易导致真菌性病害如霜霉病和白粉病的发生与流行。要求土壤有机质含量在2.0以上，疏松通气，具有良好的团粒结构，保水保肥力强。

二、栽培黄瓜的设施类型

（一）塑料薄膜日光温室

日光温室是指东、西、北三面有保温性能比较好的围墙，单面采光的温室。它是以太阳辐射为能源，不加温就可以进行冬季蔬菜的生产。目前生产上普遍使用的日光温室，通常高度在3米以上，跨度8～10米，墙体有土墙、砖墙、石墙、复合墙体等，骨架材料有竹木结构、钢架结构以及钢竹混合结构。

塑料薄膜日光温室（彩图1-2）具有良好的采光屋面，能最大限度地透过阳光；保温和蓄热能力强，能最大限度地减少温室散热，温室效应强；抗风雪能力强，便于外保温覆盖，适于冬季和早春喜温性蔬菜的生长。

江苏省苏北地区是日光温室主要的生产地区之一，可以在冬季不加温条件下生产黄瓜，最高亩①产量可达到2.5万千克，产值超过6万元，成为设施蔬菜生产的典型代表。

（二）塑料大棚

塑料大棚俗称冷棚，是20世纪60年代发展起来的保护地设施。与日光温室相比，具有结构简单、建造容易、使用方便、投资较少、有效栽培面积大等特点。与露地蔬菜生产相比，具有较大的抗灾能力，可提早或延后栽培，并有利于防御自然灾害，增产增收效果明显，特别适合北方地区早春和晚秋淡季生产供应鲜嫩蔬菜。

塑料大棚能充分利用太阳能，有一定的保温作用，并通过卷

──────────────

① 亩为我国非法定使用计量单位，15亩＝1公顷。——编者注

膜能在一定范围调节棚内的温度和湿度。因此，塑料大棚在我国北方地区能起到春提前、秋延后保温栽培的作用，一般春季可提前 30～35 天，秋季能延后 20～25 天，但不能进行越冬栽培。在我国南方地区，塑料大棚除了冬春季节用于蔬菜、花卉保温和越冬栽培外，还可更换遮阳网用于夏秋季节遮阳降温和防雨、防风、防雹等设施栽培。

（1）拱圆型棚和屋脊型棚　按棚顶形式可分为拱圆型棚和屋脊型棚。拱圆型大棚对建造材料要求较低，具有较强的抗风和承载能力，屋脊型大棚则相反。

（2）单栋大棚和连栋大棚　按其覆盖形式可分为单栋大棚和连栋大棚。单栋大棚是以竹木、钢材、混凝土构件及薄壁钢管等材料焊接组装而成，棚向以南北延长者居多，其特点是采光性好，但保温性较差。连栋大棚是用 2 栋或 2 栋以上单栋大棚连接而成，优点是棚体大，保温性能好，缺点是通风性能较差，两栋连接处易漏水（彩图 1 - 3）。

（3）其他大棚　按棚架结构可分为竹木结构大棚、简易钢管大棚、装配式镀锌钢管大棚（彩图 1 - 4）、无柱钢架大棚、有柱式大棚等。

目前，江苏以镀锌钢管装配式大棚为主，这种大棚为组装式结构，建造方便，并可拆卸迁移。棚内空间大，遮光少，作业方便，有利作物生长。构件抗腐蚀，整体强度高，承受风雪能力强，使用寿命可达 15 年以上。主要有 GP625 和 GP825 两种标准棚型，在生产中主要用于进行春提早和秋延后黄瓜生产。

三、栽培黄瓜的品种类型

1. 长果密刺类型　果长 30～40 厘米，果把较长（6～8 厘米），表面密被刺瘤，耐运输；皮较薄，肉质较致密，瓤较小，质地脆嫩，清香味较浓。这类品种多数生长势较强，根系较发达，抗病性强。

2. 长果细刺类型 果长 30～40 厘米，果把较长（5～8 厘米），表面密被细刺但无瘤，皮较薄，长途运输时果面易产生伤痕而影响商品外观；肉质较致密，瓤较小，质地脆嫩，清香味较浓。这类品种多数生长势和抗病性比长果密刺类型稍差。

3. 中果无刺类型 果长 25～30 厘米，果把短，表面无刺，有的品种果实表面有果瘤，皮较厚，皮韧性强，肉质较致密，果肉较厚，质地绵软，清香味较浓。这类品种多数生长势较强，根系较发达，抗病性强。

4. 中果有刺类型 果长 20～30 厘米，果把短，表面密生刺瘤，皮较厚，皮韧性强，肉质较致密，果肉较厚，质地脆嫩，清香味较浓。这类品种多数生长势较强，根系较发达，抗病性强。

5. 水果型小黄瓜 果长 10～15 厘米，无果把，表面光滑无刺，皮薄，多数品种果面呈油亮绿色，质地脆嫩，常作水果消费。这类品种雌性强，连续结果力强，适宜作为温室长季节栽培，大多抗病性较弱。

6. 腌渍类小黄瓜 果长 10～15 厘米，无果把，表面无刺但有瘤，肉薄。这类品种多数来自于美国，雌性较强，生长势中等，多数抗病性较强。

四、黄瓜设施栽培技术

（一）黄瓜育苗

1. 营养钵育苗

（1）营养钵规格 营养钵多是塑料制品，一次购买可连续使用 2～3 年。规格下口直径 6～8 厘米，上口直径 8～10 厘米，通常为黑色。

（2）育苗技术流程

浸种：可用温水烫种后浸种。方法是先用冷水浸润种子，再缓慢倒入热水，当水温上升至 52～55℃时，保持 15 分钟，然后加冷水使水温降至 25℃，并在此温度下浸种 3～4 小时，再在常温下保持 12～16 小时。

种子催芽：将浸泡过的种子放到适宜的环境中促进发芽的过程，称为催芽。适宜的环境主要包括温度、水分和空气。催芽前一般用纱布包好种子（不要包得过紧），放入盆钵或茶杯中，上口用玻璃盖上，放入催芽的环境（如电热恒温箱）。催芽过程中要经常翻动种子，使内部种子获得充足的氧气。一般温度控制在 28～30℃。催芽结束的标准是有 70％～80％ 的种子出芽，芽长 3～5 毫米，不能等到所有的种子都出芽时才停止，否则最先出芽的种子芽会很长，影响播种和出苗。

播种：一般在苗床中播种，播种前苗床浇透水，将催芽后的种子均匀撒播在苗床上，覆盖 0.2～0.3 厘米厚干土，再密闭小棚和大棚。在出苗前保持棚内温度 28～30℃，出苗后保持 23℃ 左右。

移苗：黄瓜在小苗期移苗有利于活棵生长，其标准是两片子叶完全展开，心叶开始发生。将其从苗床中连根取出移入营养钵，适当浇水后密闭棚室 2～3 天，保持 25～28℃ 温度，待新叶开始生长表明幼苗已经成活。

移苗成活后的管理：①温度晴天高（23℃ 左右），阴雨天低（15～16℃），只要是晴天，必须尽量增加见光时间。②对不透明覆盖物如草帘等，须早揭晚盖，阴雨雪天适度透光，力戒全天遮光，否则只要 3～4 天时间秧苗就会因光饥饿而死亡。③注意防治猝倒病和立枯病。猝倒病在小苗期 1～2 叶时最易受害，症状：幼苗近地面茎开始呈水渍状，逐渐褪绿变黄，病部收缩变细如线状而使茎折断，形成倒苗，叶片仍呈绿色；当环境潮湿时，病部及地面产生明显的白色绵毛状菌丝。立枯病主要在小苗时受害，大苗也可发病，症状：近地面处茎上出现椭圆形褐色病斑，病部软化收缩变细后折倒，病苗根部腐烂；较大的秧苗发病后，初期白天萎蔫，夜晚恢复，经一段时间全株枯萎。猝倒病和立枯病主要通过加大通风，降低苗床湿度防控。

幼苗锻炼：幼苗在定植到大田以前，为了加强幼苗对早春低温的适应性，需经过一定的锻炼过程。锻炼一般于定植前1～2周开始，方法有两种：①低温锻炼，加大通风降温力度，使秧苗逐渐适应外界环境。②控水锻炼，控水的形态指标是，只要秧苗不发生干旱萎蔫就不浇水。经过降温和控水锻炼后，幼苗抗寒性增强，花芽分化提早，幼苗定植后遇到短期低温（如5℃）不会发生冻害。原因是锻炼增强了幼苗的保护组织，提高了细胞中细胞液的浓度，降低了细胞液的冰点。

2. 穴盘育苗 穴盘本质上是在营养钵基础上的高度集成，形成网格式的基本结构，可连续使用3～4年，一次播种，一次成苗（不需要移苗），具有轻简化、节约化、规模化等特点，现已广泛使用。

（1）穴盘规格 适于黄瓜育苗的穴盘主要有32孔、50孔和72孔三种规格。

（2）基质 目前适于黄瓜育苗的商业化基质已经比较成熟，可直接使用，无须自行配置。

（3）播种方式 可以人工打孔播种，也可以机械播种，利用精量播种机进行机械化作业，播种后放入育苗床架在催芽室催芽。催芽过程一般控制温度在28～30℃。催芽结束的标准是有70%～80%的种子出芽。

3. 嫁接育苗 黄瓜枯萎病和疫病均为土传病害，对黄瓜生产危害很大，设施栽培特别是日光温室栽培的黄瓜常因连作造成植株大量死亡而严重减产，甚至绝产。目前尚无特效药物或抗病品种能彻底解决这一问题。云南黑籽南瓜对黄瓜枯萎病和疫病具有高度的抗性，对枯萎病菌几乎免疫。因此，用云南黑籽南瓜作砧木与黄瓜嫁接，可有效地防止黄瓜枯萎病和疫病等土传病害发生。由于云南黑籽南瓜在地温8℃左右能迅速生长新根，而黄瓜根系正常生长需要12℃以上的地温，因此嫁接后有利于提高黄瓜的耐寒性。

1) 嫁接准备材料

砧木：云南黑籽南瓜，每亩用量 1.5 千克；

接穗：黄瓜种，每亩用量 150 克；

50 孔、128 孔穴盘或育苗盘及基质；

嫁接夹、刀片、竹签。

2) 靠接法

(1) 播种期　砧木较接穗晚播 3～7 天。

(2) 播种方法　砧木黑籽南瓜播种于 50 孔穴盘，接穗黄瓜播种于 128 孔穴盘或育苗盘。

(3) 嫁接适期　砧木第一片真叶半展开；接穗子叶平展（真叶显露）。

(4) 嫁接方法和步骤　用竹签挖掉南瓜苗的生长点→用刀片在南瓜幼苗上部距子叶约 1.5 厘米处由上向下斜切 40°左右长 1 厘米的刀口，深为茎粗的 1/2→用刀片将黄瓜上部距子叶约 1.5 厘米处由下向上斜切 1 个 35°左右长 1 厘米的刀口，深为茎粗的 2/3→将黄瓜苗和黑子南瓜苗的切面对齐、对正嵌合→让黄瓜苗高于南瓜苗并呈十字状，用塑料夹子固定好→嫁接苗栽入穴盘基质中

(5) 嫁接后的管理

温度管理：嫁接后前 3 天，日温 25～30℃，夜温 20～25℃；嫁接后 3～7 天，开始通风，随通风量的增加降低温度 3～4℃；嫁接 7 天后，揭去小棚，开始进入正常温度管理。

光照管理：嫁接后 2～3 天内，用遮阳网或草帘完全遮光；嫁接 3 天后，逐渐加强光照，延长光照时间，上午 10 时至下午 3 时遮光，其余时间不遮光；嫁接 7～8 天后，去除遮阳物，进入全天见光管理。

湿度管理：嫁接 1 周内，空气湿度保持在 90% 以上；嫁接 1 周后，逐渐加大通风量，降低湿度。

其他管理包括去萌蘖、断根和低温锻炼等。去萌蘖是指及时

去除南瓜萌生的幼芽，砧木新发枝叶会影响黄瓜的正常生长，应及时摘除；断根是指在嫁接苗成活、表现为心叶开始生长时将黄瓜的根切断，此期还应适时去除嫁接夹；低温锻炼是指在定植前1周左右通过适当降低温度和减少浇水，让苗逐步适应外界环境条件，有利于定植后活棵。

3）插接法

插接与靠接相比有几个优点：一是操作简单，嫁接方便，易管理，可提早定植；二是有效避免了黄瓜产生次生根，对枯萎病、蔓枯病等土传病害有很好的预防效果；三是由于刀口接合面积大，接后瓜苗尤其是前期生长势旺。缺点是：因为在插接过程中黄瓜苗已经切离母体，嫁接后管理更需严格，成活率往往不及靠接法高。

插接法基本程序：

（1）播种　采用插接法，黄瓜苗要小，嫁接后瓜苗蒸腾作用弱，不易打蔫，因此黄瓜可与南瓜同期播种。温度低时南瓜砧木比黄瓜早播1～2天。南瓜子叶展平为嫁接适期。

（2）嫁接方法　用竹签除去黑籽南瓜生长点和其周围真叶后，沿右侧子叶主脉向左侧子叶朝下斜插5～7毫米深，以竹签尖不扎破砧木下胚轴表皮为度。然后取黄瓜苗在子叶下1厘米处斜切2刀，使黄瓜苗呈楔形，切口长5毫米左右。拔出竹签后将黄瓜苗插入即可。

（3）嫁接后管理　与靠接法不同的是，插接后的前2天内空气相对湿度应保持100%，以保证黄瓜子叶不蔫。应随接随浇水，随盖小拱棚并遮阳，如棚内湿度不足应喷水，24小时后可短时放风排湿。其他管理与靠接法类似。

4. 壮苗标准　无病虫危害，生长健壮，茎粗，节间短，叶大而厚，叶色深根系发达，能适应定植后环境条件的幼苗，植株个体间整齐一致。

黄瓜适栽幼苗的形态标准：2～3叶1心定植，40天左右苗龄，适宜栽植的幼苗如彩图 1-5 所示。

（二）黄瓜设施栽培季节

1. 塑料大棚春提早栽培　一般在 1 月下旬至 2 月上旬播种，2 月下旬至 3 月上旬定植，3 月下旬开始采收。这茬黄瓜播种在温度比较低和不稳定的早春，单层塑料大棚往往不能满足其生长发育的要求，所以一般采用日光温室或者大棚多层覆盖加温育苗，即在塑料大棚中加设小拱棚，小拱棚上加盖草苫，以满足黄瓜早期生产的条件。塑料大棚春提早栽培黄瓜，比日光温室时间短、温度高，所以一般不进行嫁接育苗，但如果是在连作田块，可以采用嫁接育苗以达到抗病的目的。此茬应选择耐低温弱光和早熟的黄瓜品种。

2. 塑料大棚秋延后栽培　一般在 7 月上旬育苗，7 月下旬定植，8 月中旬采收，10 月下旬至 11 月上旬结束。此茬黄瓜应选择耐高温和抗病毒病的秋季专用品种，穴盘育苗，苗龄不宜长，高畦定植。秋延后黄瓜育苗期正逢高温，可以采用遮阳网和防虫网覆盖，另外这个时期雨水多，注意清理大棚内外的沟渠，采用高畦栽培。秋延后黄瓜正逢蔬菜供应的伏缺淡季，加上日光温室秋季的黄瓜生产不多，所以一般市场比春提早好。生产中注意高温期黄瓜往往雄花多、雌花少，可以采用乙烯利在 2 叶 1 心至 4 叶 1 心期进行叶面喷施，以诱导雌花。

3. 日光温室早春茬栽培　冬春茬黄瓜又称早春茬黄瓜，一般在 12 月下旬至 1 月上旬播种，嫁接育苗较好，2 月中旬定植，3 月上中旬开始采收，7 月上旬拉秧。这一茬对黄瓜的耐低温弱光能力要求较高，同时要求具有一定的抗病能力，适用的品种有津优 2 号、津优 3 号、津优 20 号、津优 30 号以及中农 13 等。早春茬黄瓜栽培的目的在于早春提早上市，解决早春淡季问题。日光温室早春茬黄瓜上市期比大棚黄瓜上市期提早 45～60 天。冬春茬黄瓜秋末冬初在日光温室播种，幼苗期在初冬渡过，初茬期处在严冬季节，1 月份开始采收上市，采收期跨越冬、春、夏

3 个季节，采收期长达 150～200 天。

4. 日光温室秋冬茬栽培 秋冬茬黄瓜栽培的目的在于延长供应期，此时秋延后大拱棚黄瓜已经基本结束，而越冬日光温室黄瓜还没有开始供应，可解决深秋、初冬黄瓜淡季的问题。育苗的一般不嫁接，8 月下旬至 9 月上旬播种，9 月中下旬定植。10月中旬开始采收，元旦后拉秧。如果保温条件较好或遇上冬季温度高的年份，也可以延至春节前后拉秧。这一茬要求黄瓜具有较好的抗病性和一定的耐低温弱光能力，适用的品种有津优 1 号、津优 2 号、津优 20 号等。秋冬茬黄瓜栽培的目的在于延长供应期，解决深秋、初冬淡季问题，日光温室秋冬茬黄瓜比大棚秋延后黄瓜供应期长 30～45 天。

冬春茬黄瓜育苗较早，但是由于幼苗占地少，容易保温，因此秋冬茬和冬春茬黄瓜定植后都避开了一年中温度最低的季节，生产的风险较小。而且，这两茬中间还有近 1 个月的时间，可以在秋冬茬黄瓜拉秧前套播一茬小白菜、菠菜、莴苣等叶菜，因而效益也比较高。效益好的年份，每亩日光温室收益在 3 万元以上，效益差的年份也在 2 万元以上。

5. 日光温室越冬茬栽培 一般在 9 月下旬至 10 月上旬播种，一般进行嫁接育苗。11 月上旬定植，12 月上中旬开始采收，第 2 年 5～6 月拉秧。这一茬在温度最低的时候供应黄瓜，生产难度最大，技术要求最高，同时效益也较好。效益好的年份，每亩日光温室收益在 2 万元以上。这一茬对黄瓜的耐低温弱光能力要求非常高，因此选用的品种一定要有足够的耐低温弱光能力。生产上选用的品种主要有津优 30、中农 13 等。

6. 日光温室长季节栽培 随着日光温室结构优化、性能提高，一些新型日光温室可以进行越冬长季节栽培，黄瓜生长期跨越秋、冬、春 3 个季节，初夏生产结束。

（三）黄瓜设施栽培茬口模式

1. 塑料大棚黄瓜栽培茬口 塑料大棚发展到现在，已经不只是为了保温提温生产喜温蔬菜，也是为了抵抗自然灾害，如雨涝、高温、虫害等，为蔬菜作物创造更加良好的生长环境，所以塑料大棚得到更加广阔的应用，其茬口类型也非常丰富。

（1）春提早黄瓜—豇豆—青菜（或荠菜、菠菜、生菜） 黄瓜在1月下旬至2月上旬播种，2月下旬至3月上旬定植，3月下旬开始采收，6月下旬采收结束。7月上旬直播豇豆，10月下旬结束，播种越冬青菜或荠菜、菠菜、生菜等绿叶菜。

（2）春提早黄瓜—生菜—番茄 黄瓜在1月下旬至2月上旬播种，2月下旬至3月上旬定植，3月下旬开始采收，6月下旬采收结束。黄瓜结束后，按照番茄要求整地作畦，定植耐热生菜（提前育苗），8月上旬采收；生菜如果不够大，可以直接定植番茄后共生一段时间。番茄于7月上旬育苗，8月上旬定植，11月下旬采收。番茄使用早熟品种，最多留3序果，尽早摘心以利番茄早熟。

（3）春提早黄瓜—青花菜—黄花苜蓿 黄瓜在1月下旬至2月上旬播种，2月下旬至3月上旬定植，3月下旬开始采收，6月下旬采收结束。

（4）春提早黄瓜—豇豆—花椰菜 黄瓜在1月下旬至2月上旬播种，2月下旬至3月上旬定植，3月下旬开始采收，6月下旬采收结束。

（5）春提早黄瓜—萝卜—大白菜 黄瓜采收后直播耐热萝卜，大白菜于8月上旬育苗，9月上旬定植，11月中下旬采收。

（6）春提早黄瓜—鸡毛菜—菜豆—莴苣 黄瓜采收结束后，播种耐热青菜，30天左右采收后于8月上中旬直播菜豆，60天左右采收，同时于9月上旬莴苣育苗，10上中旬菜豆采收后定植，翌年2月左右采收。

（7）春提早黄瓜—（二茬）青菜—生菜—油麦菜 黄瓜结束后生产叶菜类，根据市场和季节可以选择1~2茬青菜、生菜、油麦菜等绿叶菜。

（8）苋菜—春黄瓜—丝瓜—苋菜—葱 黄瓜育苗期间播种苋菜，采收后定植黄瓜，至5月黄瓜采收前期产量后，可以套种丝瓜，7月丝瓜蔓长成沿棚架覆盖时，可以揭掉薄膜，用丝瓜藤蔓遮阴，播种苋菜，苋菜掐头可以多次采收，至7月下旬到8月上旬，根据市场情况决定葱的育苗时间。

（9）芹菜—鸡毛菜—秋黄瓜—菠菜 春芹菜于1月定植，4～5月采收，后播种鸡毛菜，于7月上旬育黄瓜苗，7月下旬定植，10月底采收结束后播种菠菜。菠菜种子可采用加倍分类处理的方法，即使用超过平时用种2倍的种子，将种子分成3份，1份浸种，1份轻轻碾磨后浸种，1份不处理，然后将3份种子混合后播种，这样菠菜将分批出苗分批采收。

（10）春提早番茄—秋延后黄瓜—莴苣 番茄于前一年12月育苗，2月上中旬多层覆盖定植，5月下旬至6月上旬采收，7月下旬结束；7月上旬黄瓜育苗，7月下旬定植，10月下旬结束；9月中下旬莴苣育苗，10月下旬定植。

（11）春豇豆—秋延后黄瓜—菠菜 豇豆于前一年12月育苗，2月上中旬多层覆盖定植，5月下旬至6月上旬采收，7月下旬结束；7月上旬黄瓜育苗，7月下旬定植，10月下旬结束；9月中下旬种植菠菜。

（12）春提早茄子（辣椒）—秋延后黄瓜—葱 茄子（辣椒）于前一年11月下旬至12月上旬温床育苗，2月下旬多层覆盖定植，7月下旬结束。7月上旬黄瓜育苗，7月下旬定植，10月下旬结束；9月中下旬种葱。

2. 日光温室黄瓜栽培茬口

（1）黄瓜—草菇 黄瓜于9月下旬至10月上旬嫁接育苗，11月上中旬定植，12月下旬至第二年6月采收；草菇从6月上旬至9月上旬高温期间利用日光温室遮光进行，每28～30天种植一茬，可种植2～3茬。草菇每亩产量可达750～1 000千克。

（2）黄瓜—青菜—秋芹菜 黄瓜于9月下旬至10月上旬嫁

接育苗，11 月上中旬定植，12 月下旬至第二年 6 月采收；黄瓜结束后芹菜与青菜同时播种，青菜先出，生长速度快，可为芹菜遮阴，有利于芹菜出苗和生长，30 天左右青菜可以陆续采收，芹菜到 10 月下旬黄瓜定植前采收。

（3）黄瓜—丝瓜—秋莴苣　黄瓜于 9 月下旬至 10 月上旬嫁接育苗，11 月上中旬定植，12 月下旬至第二年 6 月采收；丝瓜1 月上旬播种育苗，2 月中下旬定植，5～8 月采收；莴苣 7 月初播种，8 月中下旬定植，9 月底开始采收。

（4）黄瓜—豇豆—番茄　黄瓜于 12 月初播种育苗，翌年 2月上旬定植，3 月下旬至 6 月下采收；豇豆 6 月中旬直播，7 中旬至 9 月中旬采收；番茄 8 月上旬播种，9 月下旬定植，11 中旬至翌年 1 月下旬采收。

（5）黄瓜—豇豆—花菜　黄瓜于 9 月下旬至 10 月上旬嫁接育苗，11 月上旬定植，翌年 1 月下旬至 4 月采收；豇豆 4 月中旬套播，7 下旬采收；花椰菜 7 月上旬播种，8 月上旬定植，10月至 11 月下旬采收。

（四）大棚黄瓜春提早栽培

1. 选择适宜品种　选用早熟、高产，苗期耐寒性强，耐弱光、抗病、单性结实的优良品种。津优 11、13、30 和 38 等为长果、密刺、耐低温弱光能力强；碧玉、碧玉 2 号、碧玉 3 号、京研迷你 2 号、京研迷你 4 号和南水 2 号、扬大 1 号等水果型小黄瓜，具有较强的耐低温弱光能力。中等果长、瓜把较短的品种选扬大 4 号。

2. 定植方式和密度

（1）定植方式　传统的栽培方式是长畦竖栽，即与大棚的走向一致，作成 1～1.2 米的畦，沟宽 40 厘米左右。目前，短畦横栽也逐渐得到应用，即畦的走向与大棚的走向垂直，在大棚中间开一条沟，横向作畦（图 1-1），这一作畦方式使棚室内通风透光得到改善，有利于植株生长，减少病害发生率。

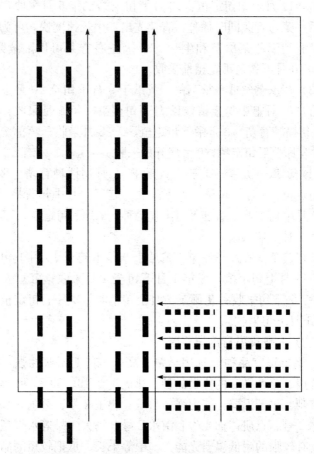

图 1-1 横向作畦有利于棚室内通风透光

左为长畦竖栽 右为短畦横栽

（注：箭头方向为沟的走向）

（2）定植密度 行距 55～65 厘米，株距 20～30 厘米。为增加早期产量，生产上有多种新的栽培方式：①同一棚内早中熟品种搭配种植，1～1.2 米宽的畦栽 3 行，行距 30 厘米，中间 1 行栽早熟品种，株距仅 15 厘米，两个边行栽中熟品种，株距 25 厘米。在早熟品种每株采收 3～4 条瓜后拉藤，行距变成 60 厘米，正好中熟品种进入结果盛期。这种方式比栽单一品种增加产值 30％～50％。②隔株拔除法：栽植密度 6 600 株，在采收 3 条瓜后隔一株拔一株，密度降为 3 300 株，这样早期产量和总产量都可得到提高，适于中后期长势旺的品种。

3. 多层覆盖 为了增加早期温度，加强夜间保温性能，在搭架之前，为促进幼苗生长，可多层覆盖。

4. 水分暗灌 为了减少空气湿度，在畦面中间铺设滴灌管，上面再覆盖地膜，既节省用水，又减少空气湿度，有利于节约用水和减少病害发生。

5. 调温控湿 为了减少病害，白天温度保持 28～30℃，夜间 15～18℃，白天气温达 30℃时须加强通风降温；浇水宜少，特别是遇阴天须根据天气状况及时通风降湿换气。

6. 植株调整 植株调整的内容主要包括搭架、绑蔓等，一般在植株大约 30 厘米时及时搭架、绑蔓、吊头，对于侧枝发生力强的品种及时去除侧蔓。一般用竹竿搭成人字形架，用塑料绳将瓜蔓绑缚在竹竿上或用塑料绳直接牵引瓜蔓；更先进和省力化的绑蔓措施是用绑蔓器绑缚。

7. 促进结实 为了增加产量，对于在低温弱光下单性结实力差的品种需采用人工辅助授粉或采用生长调节剂的方法（如用坐果灵进行处理），确保早期果实发育和早期产量。

8. 摘除老叶 为了增强通风透光，减少病害发生，黄瓜基部老叶开始褪绿变黄时表明叶片已开始衰老，成为植株生长的负担，及时摘除老叶有利于增强棚室内通风透光状况，降低空气湿度，从而减少病害发生，有利于果实发育。

9. 预防畸形瓜 畸形瓜主要包括尖嘴瓜、蜂（细）腰瓜、大肚瓜、钩子瓜等。产生畸形果的原因主要有三个：

（1）授粉受精不良 因昆虫少或阴雨天多不利于昆虫活动，或过高的温度影响花粉管的伸长，均会引起授粉受精不良。

（2）肥水供应不足或不均匀　营养与水分供应不足而引起尖嘴瓜；果实迅速膨大期间温度较高，水分过多而引起大肚瓜；植株本身生长势差，以致自身吸肥吸水力弱或高温干旱而引起细腰瓜。

（3）病虫危害　病虫危害后植株生长不良，果实发育过程中不能得到充足的养分和水分而形成畸形瓜。防止畸形瓜，首先要施足基肥，然后根据植株和果实生长发育情况，结合天气变化，均匀追肥和浇水，同时加强防病治虫；早期可人工授粉或用坐果灵处理。如已出现畸形瓜，为保证正常果生长发育，可将畸形果及时摘除。

（五）日光温室黄瓜越冬栽培

1. 栽培历程　一般在 10 月上中旬播种育苗，但近些年有播种提早的趋势，主要是在元旦、春节的高价期达到产量高峰；另外，在苏北地区，秋黄瓜的生产面积不大，10 月份后黄瓜的供应出现不足，价格比较好，也为日光温室提早育苗提早上市提供了市场空间。正常定植期在 11 月中下旬，采用嫁接育苗，12 月下旬开始采收，5～6 月根据市场价格决定。整个生育期达 8 个月以上，是设施黄瓜栽培生产中技术难度较大，经济效益较高的栽培形式。

2. 品种选择　越冬黄瓜生长发育过程经历一年当中温度最低、光照最差的时节，同时结瓜期又要经历日光温室温度最高的时段，所以要选择既耐低温弱光，又能耐高温、植株长势强、不易徒长、分枝少、雌花节位低、节成性好、瓜条品质高、高产抗病等特性的品种。目前江苏多选用津优 30 号、津优 35 号等，亩用种 120～150 克。

3. 培育壮苗　详见育苗本节（一）"黄瓜育苗"相关内容。

4. 定植

（1）定植前的准备

土壤处理：日光温室多数需要常年种植 1～2 种蔬菜作物，

尤其是规模生产基地，很难做到轮作倒茬，所以定植前需要对日光温室土壤进行处理。一般在定植前 30 天高温期进行，可采取以下几种方法：①高温闷棚。将土壤深翻后浇水至漫过土块，覆盖白色地膜，将日光温室棚膜覆盖严密，如果薄膜旧了需要换新的，保温 20 天左右后揭膜通风晾晒，准备整地。②化学消毒。如果日光温室长期种植黄瓜，根结线虫严重，可以加施 98% 棉隆进行土壤消毒，按照每平方米 20～30 克撒施，将土壤翻耕，浇水后覆膜，20 天后揭膜通风晾晒。③轮作草菇（详见茬口安排）。

整地施肥：日光温室冬春茬黄瓜生育期长，需要足够的营养才能满足长期结瓜对养分的需要。实践证明，深翻土地、增施有机肥，是黄瓜增产的关键措施。每亩施入腐熟有机肥 5～7 米^3，以优质牛粪、猪粪、鸡粪为主，菜籽饼肥 250 千克，氮、磷、钾复合肥 60～70 千克。基肥撒施后，深翻 25～30 厘米，使肥料与土壤混合均匀，然后耧平耙细。

起垄作畦：采用南北向作高垄，垄高 20 厘米，垄宽 80 厘米，沟距 50～60 厘米。

秧苗准备：移栽前可对嫁接苗喷一次 500 倍的百菌清，傍晚对苗床浇透水，第二天定植。

（2）定植

定植时间：一般 10 月中旬至 11 月上旬定植。嫁接苗的苗龄 35 天左右。不嫁接的瓜苗一般 30～35 天。不论嫁接苗或自根苗均应达到壮苗标准。选择晴天上午定植。

定植方法：先在垄上按行距 60 厘米开定植沟，沟深 10 厘米，顺沟浇透水，然后趁水未渗下按 28～30 厘米的株距放苗，待水渗后封沟。肥力好的地块，黄瓜栽培的适宜密度为每亩 3 300～3 600 株。定植后整平垄面，栽完后覆盖 1.2 米宽地膜，掏出定植苗。定植后浇水，浇水量要根据天气和低温决定，一般考虑到定植期温度开始下降，定植水宜少，以浇透苗坨即可，以免降低地温，利于缓苗。

瓜苗要经过严格选择，剔除弱苗、老化苗、受损伤苗，选择大小一致健壮苗定植。定植时必须特别注意覆土高度不能超过嫁接口，更不要把嫁接口埋入土下，严防因覆土不当造成土传病菌二次侵染嫁接植株。

5. 定植后的管理

（1）定植到缓苗期管理　历时约10天左右，管理目标是促进缓苗，促根深扎，为今后丰产打下基础。

水分管理：可以补浇2~3次水，每次浇少一点，连续浇2~3天。

温度管理：定植后缓苗前温度宜高不宜低，日光温室一般不通风，白天可达30~35℃，夜间18℃左右，以促进尽快发根，尽早缓苗。若遇晴暖天气，中午可用草苫适当遮阴。缓苗后至结瓜前，以锻炼植株为主，管理温度可降为白天室温25~28℃，夜间14~16℃，中午前后不超过30℃。

覆盖地膜：如定植时未覆盖地膜，可在定植缓苗后，即定植后10天左右将垄面耧平，然后覆盖地膜。

（2）缓苗后到始瓜期管理　约历时20天左右，此期的管理目标是促根促秧，打下丰产丰收的基础，同时增强植株的免疫力和抗逆性。

温度：温度是调整株型的主导因子。缓苗后，初期温度应有利于茎叶生长并花芽分化。晴日白天室温25~28℃，夜间14~16℃。在此温度管理基础上逐渐降低温度，即晴日白天室温23~25℃，夜间12~14℃。以后不断降低夜间管理温度至10℃，甚至8℃，这样有利于塑造抗逆性强、持续结瓜的合理株型——节间短，叶片小，叶子厚，叶色浓。

水肥管理：此期一般不追肥浇水，但如果土壤墒情不好，可进行膜下小水浇灌。

植株调整、吊蔓：植株伸蔓后即要吊蔓。于温室上部沿垄畦方向绑铁丝，用细塑料绳或细布带绑蔓吊蔓。7～8节以下不留瓜，促植株生长健壮。用尼龙绳或塑料绳吊蔓，采用S形绑蔓法。蔓长1.5～1.7米时，随绑蔓将卷须、雄花及下部的侧枝去掉。深冬季节，对瓜码密、易坐瓜品种，可适当疏掉部分幼瓜或雌花。

揭盖草帘：以揭开草苫后室内气温无明显下降为准。晴天时，阳光照到温室及时揭开草苫。下午室温降到20℃左右时盖草苫。深冬季节，草苫可适当晚揭（苫子上霜雪融化）早盖。一般雨雪天气，室内气温只要不下降，就应揭开草苫。大雪天，揭草苫后室温明显下降时，可在中午短时揭开或随揭随盖。连续阴雨天时，要陆续间隔揭开草苫，不要猛然全揭开，以免叶面灼伤闪苗。揭苫后植株叶片发生萎蔫，应再盖上草苫，待植株恢复正常，再间隔揭苫。

（3）结瓜前期管理　结瓜前期即进入温度最低、光照最差的时期。此期的管理目标是保持植株稳健生长，保证基本正常结瓜。

温度：继续保持较低温度管理水平，即晴日白天23～25℃，不超过28℃；夜间12～14℃，在有条件和能力的情况下，尽量保持夜间温度不低于10℃，至少不低于8℃。

水肥：一般15天左右追肥一次，以硝态氮肥和溶解度高的复合肥为主，经常进行叶面补肥，以多微量元素的生物液肥为佳。浇水要看天看苗，一般7～8天一次。

防治病虫害：此期低温细菌性病害和灰霉病比较常见，要注意防治。具体见病虫害防治有关章节。

（4）结瓜盛期　2月下旬后，气温回升，黄瓜进入结瓜盛期，应加强管理，保持植株旺盛生长，保证大量结瓜。

温度：逐渐提高管理温度。首先恢复常温管理，即晴日白天25～28℃，夜间13～16℃。为了预防霜霉病，可将温度再提高些，即晴日白天25～35℃，夜间18～20℃，短时间（1小时左右）可达到 40℃。

水肥：水肥管理是与温度管理水平相匹配的。此期黄瓜需肥水量增加，要适当增加浇水次数和浇水量，一般常温管理时 3～4 天浇水一次，7～8 天追肥一次，高温管理期间，一般 2～3 天浇水一次，4～5 天追肥一次，追肥量也要比常温管理时略大。

防治病虫害：主要防治霜霉病。具体方法见本章第五节"黄瓜主要病虫害及防治"相关内容。

植株调整：黄瓜生长盛期应保持适宜的功能叶片数，每株留叶 12～15 片，将底部老叶及时去掉，并进行及时落蔓，落下的秧蔓要有规律地盘绕在垄面上，防止脚踏或水浸。掐掉的卷须、雌花和老叶都要带出温室外深埋为好。

（5）结瓜后期　主要防止植株过快衰老，根据市场和植株长势决定拉秧时间。

温度：此时为了让植株从旺盛结瓜后恢复生长，温度应从低掌握，一般白天 23～25℃，夜间 13～15℃。

肥水管理：此时产量下降，价格一般也较低，肥水管理应降低强度。追肥可 10～15 天一次，此时外界温度高，通风量大，植株蒸腾量大，应注意补水。

日光温室越冬茬黄瓜栽培全过程，都要及时收听天气预报，对恶劣和剧变的寒流、低温、风雪天气，必须采取对应措施。

6. 采收　黄瓜果实达到商品成熟时，应及时采摘。在果盛期，为处理好源—库关系和营养生长与生殖生长的关系，每次采收时，植株上须留 1～2 条生长的幼瓜，采取以瓜坠瓜的措施。

（六）可控环境温室黄瓜长季节栽培

在果菜类蔬菜中，黄瓜是最适于进行长季节栽培的种类，因为黄瓜具有无限生长的特性，蔓柔软易操作，嫩果采收，单果发育周期短，耐低温弱光，果实品质好。

1. 茬口模式

（1）一年两茬栽培模式　第一茬于 1 下旬播种，3 月初定植，4 月下旬至 6 月采收；第二茬于 8 月中旬播种，8 月下旬定植，11 月底采收结束。

（2）一年三茬栽培模式　第一茬于 8 月中下旬播种，8 月底定植，9 月底至 11 月中旬采收；第二茬于 10 月底播种，11 月中下旬定植，12 月底至翌年 4 月采收结束；第三茬于 4 月中下旬播种，5 月上旬定植，6 月初至 7 月中下旬采收。

2. 栽培密度　在连栋智能化环境可控温室中采用基质营养液栽培，环境控制靠计算机完成。选择水果型小黄瓜品种如戴多星栽培。株距 25 厘米，行距 1.6 米，栽培密度 2.5～2.7 株/米^2，待苗长大后再由吊绳分成两行（彩图 1-6）。

3. 环境控制　通过计算机采集数据、综合分析和发布指令。计算机控制系统完成的主要功能是综合环境控制、肥水灌溉控制、预警系统建立、信息处理。

五、黄瓜主要病虫害及防治

（一）主要病害

1. 黄瓜霜霉病　黄瓜霜霉病菌靠气流传播，流行性较强，严重时两周内可使整株叶片枯死。主要危害叶片，呈淡黄色至褐色多角形病斑，潮湿时叶背病斑有紫黑色至黑色霉层（彩图 1-7）。

（1）传播途径　气流传播和雨水传播。

（2）发病因素　湿度是病害发生轻重的气候因素。栽培管理如排水不良或灌水过多、种植过密、设施内湿度大、不及时通风换气，则发病重。

（3）防治　①选用抗病品种；②加强栽培管理，培育壮苗，大田施足基肥，增施磷、钾肥，生长前期尽量少浇水，开花结果后增加浇水量，禁止大水漫灌。③化学防治可选择烟剂和粉尘剂代替喷雾，以减少设施内空气湿度。百菌清、菌毒清、克露等农药较为有效。

2. 黄瓜白粉病 发病初期白色小粉斑，发病后期病叶黄枯，有时病斑上长出成堆黄褐色小粒点，后变黑（彩图1-8）。

（1）发生与流行 分生孢子借气流或雨水传播落在寄主叶片上，从孢子萌发到侵入需24小时，一周后可产生新孢子，并传播，进行再侵染。产生分生孢子适温15～30℃，相对湿度80%以上。分生孢子发芽和侵入相对湿度90%～95%，但该菌遇水或湿度饱和易吸水破裂而死亡。高温干旱和高温高湿交替出现时白粉病极易发生流行。

（2）防治 选用抗病品种；用粉锈宁1 000倍防治；其他同霜霉病。

3. 黄瓜枯萎病

（1）发生及症状 一般在黄瓜开花后发病，主要是根部疏导组织受病菌侵染，中午叶片萎蔫下垂，最后整株枯萎死亡。主蔓基部受危害后常常纵裂，呈黄色病症（彩图1-9）。空气相对湿度90%以上时易发病，病菌发育和侵染的适宜温度在25℃左右。

（2）防治措施 基质育苗，轮作换茬（三年以上），药剂灌根，在开花期用恶霉灵1 000倍液或增效多菌灵200～300倍液灌根。

（二）主要虫害

1. 蚜虫 4月中下旬开始发生，5～6月份发生率高，主要从麦田、果园迁飞而来，繁殖速度很快，如不及时防治，将使生长点因失去营养和水分而萎缩、死亡（彩图1-10）。可用砒虫灵和捕虫板防治（彩图1-11）。

2. 烟粉虱 上半年5月下旬开始，下半年9月初开始，烟粉虱的分泌物引起煤污。烟粉虱发生的基本特征是主要在叶片背面活动，在-4℃的环境温度下，6小时后所有虫态均全部死亡（彩图1-12）。在单膜覆盖的大棚内，烟粉虱成虫在-2.5℃条件下全部死亡；在双膜覆盖的大棚内，烟粉虱可以安全越冬。大棚等栽培设施客观上为烟粉虱越冬与繁殖提供了优越的环境，是造成其危害日益严重的重要原因之一。烟粉虱分泌物引起的煤污，严重影响叶片的光合作用，引发植株衰老、降低产量和质量（彩图 1 - 13）。

防治策略和方法：设置防虫网防入侵；粘虫板诱粘（彩图 1 - 14）；栽植田四周种植蓖麻趋避成虫（彩图 1 - 15）；用烯啶虫胺灌根（烯啶虫胺作用方式多样，具有触杀、内吸传导作用，其中内吸作用最强。烯啶虫胺对解毒酶系的抑制可能是引起烟粉虱中毒的一个重要原因。烯啶虫胺对烟粉虱低龄若虫和成虫防治效果较好，防治适期应选择在低龄若虫期或成虫暴发期进行，田间使用推荐剂量 2 000 倍。除常规喷雾外，灌根（浓度 12.50 毫升/升）施药的持续效果更长，苗期使用效果更佳，且可以更有效地保护天敌。

3. 瓜绢螟 雌蛾产卵于叶背面（彩图 1 - 16），孵化成幼虫后在叶背面啃食黄瓜叶片，发生快，危害重，7～9 月发生数量多，世代重叠，防治难度较大。提倡用赤眼蜂进行生物防治；用毒死蜱 1 000 倍液或康壮 2 000 倍液喷雾防治。

六、设施栽培黄瓜连作障碍及克服途径

在同样投入农业生产资料的情况下，在同一处设施内栽培作物的产量、质量和效益会随着时间的延长而下降的现象，称为连作障碍。由于大棚、日光温室和连栋温室等栽培设施的移动性差甚至不可移动，黄瓜连作现象较为普遍，加之生产者片面追求产量、滥用无机肥料，没有有效建立设施蔬菜土壤休养制度等，致使连作障碍呈现日益加重的趋势。

1. 连作障碍产生的基本原因

（1）设施的移动性差甚至不可移动；

（2）专业化生产的不利影响；

（3）生产者缺乏必要的基础理论知识；

（4）片面追求产量、滥用无机肥料；

（5）未能有效建立设施蔬菜土壤休养制度。

2. 连作障碍产生的生理化学原因

（1）有机酸积累导致连作障碍；

（2）营养元素失衡导致连作障碍；

（3）土壤有害生物数量积累导致连作障碍。

3. 连作障碍的主要表现

（1）土壤结构板结，团粒结构差，保水保肥力下降；

（2）土壤缓冲能力下降；

（3）缺素症日益严重；

（4）土壤次生盐渍化加重；

（5）病虫害严重尤其是土传病害暴发概率增加，农药残留增加；

（6）产品质量和安全性下降。

4. 连作障碍克服途径

（1）水旱轮作　水旱轮作是克服连作障碍的有效措施。种植水生植物使土壤长期淹水，既可使土壤病害受到有效控制，还可以水洗酸、淋盐和调节微生物群落，防治土壤酸化、盐化。用水生蔬菜莲藕、荸荠、慈姑和水芹均可与黄瓜轮作换茬，效果显著；也可与水稻进行轮作换茬。

（2）高温闷棚　6～8月间，每平方米施入碎稻草1.5～3千克、生石灰50～100克，深翻30厘米以上，整平浇透水，畦面覆盖薄膜（最好是黑色膜），周围用土密闭，封闭棚室20～30天，地表土壤温度≥70℃，15～20厘米土层温度≥50℃，能杀死多种病原菌、线虫及其他虫卵。

（3）增施有机肥　有机肥包括各种动植物残体或代谢物，如人畜粪便、秸秆、动物残体等，还包括各种饼肥、堆肥、沤肥、厩肥、沼肥和绿肥等。通过施用有机肥改善土壤理化性能，促进植物生长。有机肥料含养分种类多，浓度低，释放慢；化肥则与之相反，养分单一，浓度高，释放快。两者各有优缺点，有机肥应与化肥配合施用才能扬长避短，充分发挥其效益。

（4）用地与养地相结合 用地是指利用农田种植各种作物，养地则是指在利用农田种植各种作物的同时，必须改善农田条件，保护培养地力，使农田生产力与作物产量持续增长。用养结合的方式主要有：①冬养夏用。通过冬季翻耕、冰雪覆盖，有利于改善土壤结构，杀灭病菌杂草。②夏养秋用。通过夏季耕翻、晒垡和高温闷棚及增施有机肥，可恢复地力，杀灭病菌和虫卵。

（5）嫁接换根技术 嫁接换根是克服连作障碍的主要对策，利用黑籽南瓜作砧木，可有效地防止黄瓜枯萎病和黄瓜根结线虫病，对黄瓜类的霜霉病、病毒病及白粉病等非土传病害也具有一定的抗性。由于云南黑籽南瓜在地温8℃左右能迅速生长新根，而黄瓜根系正常生长需要12℃以上的地温。因此，黄瓜嫁接后有利于提高耐寒性。

嫁接黄瓜根系吸收水肥能力强，植株营养生长旺盛，病害及生理障碍发生程度减轻，提高了黄瓜的总产量。

七、黄瓜贮藏与运输

（一）贮藏

1. 贮藏特性 黄瓜供食用的是幼嫩果实，含水量高，质地脆嫩，采摘后再常温下极易褪绿变黄，头部因种子发育而逐渐膨大，尾端组织萎缩而变糠，瓜条明显变形，成棒槌状，味道变酸，品质显著下降，这些都属黄瓜贮藏中衰老的表现。特别是刺瓜类型，瓜刺易被碰断形成伤口流出汁液，从而感染病菌，引起腐烂。故黄瓜贮藏过程中的主要问题是成熟衰老、变质和腐烂。

黄瓜对低温敏感，在低于10℃环境中贮藏2～3天会出现冷害。

黄瓜产生的乙烯量较少，20℃时大约产生0.1～1.0微升/千克·小时，但是黄瓜对乙烯敏感。环境中浓度为1～5微升/升的乙烯能加快变黄和腐烂，降低O_2和提高CO_2浓度能降低乙烯带来的伤害，贮存黄瓜是避免与产生乙烯的果蔬混存。

黄瓜在贮藏运输过程中应尽量减少机械伤。若采收和处理过程操作不小心，很容易出现刮伤和挤伤。

2. 贮藏的适宜条件

（1）温度　贮藏黄瓜的最适宜温度为 10～13℃，低于 8℃易出现冷害。受冷害的症状：黄瓜呈水浸状斑点或组织凹陷，移出低温环境后，会大量腐烂。温度高于 13℃时，瓜条迅速后熟，表皮由绿色变成黄色。

（2）湿度　贮藏黄瓜的相对湿度为 90％～95％，湿度过低，黄瓜会脱水萎蔫，失去表面光泽，降低商品售价。

3. 品种　黄瓜不同品种的耐贮性有明显差异。适于贮藏的黄瓜，应选择抗病性强，果实中固形物含量高，表皮较厚，果实丰满，耐贮性好的晚熟品种。由于黄瓜表皮刺多时易碰伤或碰掉，造成伤口而感染，因此刺少的品种较耐藏。疣大刺多而密的瓜条，特别是未熟的瓜条，很快萎蔫变软，失去商品价值。

4. 采收

（1）采收成熟度　同一品种，以未熟期采收（授粉后 8 天采收）的贮藏效果最佳，其次是适熟期采收（授粉后 11 天采收）。过熟期采收（授粉后 14 天采收）的瓜条不适宜贮藏，因为变黄快，加速衰老，失去商品性。综合产量和产值分析，应以适熟期采收贮藏为宜。但要掌握成熟适度确实是一件较难的事情，如是绿熟黄瓜，在呈深绿色、果肉能切成坚韧薄片、种子尚未膨大时采收最为理想，良好的黄瓜应呈长形或粗而短，黄色、衰老的黄瓜不适宜贮藏，商品价值也差。

国外资料报道，在黄瓜生长过程中，根据栽培品种和温度，开花后 55～60 天可进行采收。一般在果实成熟度较低时采收，在这个生长阶段黄瓜个头已经长到最大，但种子还未完全长大和坚硬。质地坚硬和表面有光泽也是早熟黄瓜的特征。当种子腔内开始形成一种类似果冻的物质时采收黄瓜，成熟度较适宜。

（2）采摘 采摘时要求瓜条碧绿、顶花带刺，生长在植株中部的"腰瓜"。瓜条直、接近地面的"根瓜"，瓜身常弯曲，瓜条与地面接触，易带病菌，不能用于贮藏。瓜秧顶部的黄瓜，品质也不好，不宜贮藏。在采摘前1～2天浇一次水，使瓜充分吸水生长充实，不致经贮藏而失水。采摘黄瓜要在早晨露水未落、温度较低时进行，最好用剪刀带柄剪下。

（3）分级包装 分级时以外形均匀、质地坚硬和表皮深绿色为依据，选择大小适宜的，去除带伤、腐烂和变黄的黄瓜。

5. 贮藏前的处理 挑选符合贮藏标准的黄瓜，淘汰老熟、过嫩和有机械损伤的黄瓜，然后码放在消过毒（一般用0.1%漂白粉水溶液刷洗）的干燥筐中，每筐装总容量的3/4。夏季贮藏黄瓜，要选在凉棚中预冷，散去从田间带的余热。夏季如用8℃库温贮藏，需要使库温由高温逐渐降低到8℃，使黄瓜适应贮藏的温度，防止出"汗"。黄瓜的表皮缺乏角质层，为了增加光泽，防止脱水和腐败菌感染，入库前用0.2%托布津与4倍水的虫胶混合溶液处理。方法是用软刷把混合液涂在黄瓜上，在阴棚中晾干，不要带浮水入库。

6. 贮藏方法

（1）气调贮藏 把准备贮藏的黄瓜用筐装好后，在库里码成垛。每垛40筐，每筐20～25千克，总量1 000千克左右。垛底部放有烧石灰吸收二氧化碳，用塑料帐将垛密封，库温降至12～13℃，帐内氧气用充氧机调到5%。当氧气降到2%或二氧化碳升到5%时进行调节，使二氧化碳最高不超过5%，氧气最低不能少于2%。贮藏期间每天都要测定帐内的氧气和二氧化碳含量，并根据测定的结果进行调节。低氧和适当的二氧化碳含量可抑制呼吸，同时对乙烯的产生及其生理作用都有阻碍作用。为了提高贮藏黄瓜的质量，还需要除去黄瓜自身放出的乙烯气体。常用的方法是用泡沫砖块或蛭石，放在饱和高锰酸钾水溶液中浸透，待阴干之后用于吸收乙烯，每10千克黄瓜用高锰酸钾泡沫砖块 0.5 千克。因乙烯分子量小，吸收剂要分放在上层空间，并分成几处放置，帐内相对湿度 85％以上为宜。为了防腐，每隔 2 天向帐内注入适量氯气，按帐内容积每立方米充入 133 毫升氯气，足够抑制病菌繁殖。

采用气调贮藏法贮藏的黄瓜，在上市前必须改为小包装，以保证黄瓜出库后的质量。小包装可采用装 10 千克黄瓜的小筐，外套聚乙烯塑料袋。也可用小型塑料袋，每袋装 2～3 条黄瓜。固定包装出售。气调贮藏黄瓜，一般在秋季容易成功，夏季由于温度高，黄瓜内部的变化大而快，用此法也很难贮藏。

（2）塑料袋贮藏　选用塑料食品袋，将刚摘下或买到的鲜嫩、无伤害的黄瓜装入塑料袋中，每袋 1～1.5 千克，松扎袋口，放在室内冷凉处或冰箱内，夏季可贮藏 3～5 天；冬季室内温度偏低时，可贮藏 5～15 天。

（3）水缸贮藏　晚秋黄瓜或塑料大棚秋延后黄瓜可用此法贮藏，以延长供应期。用作贮藏的黄瓜，采收时成熟度可比一般上市的商品瓜稍嫩一些，但也不可过嫩。过嫩的瓜条在贮藏期间易失水萎蔫或腐烂。黄瓜贮藏用新缸最好，避免用有油腥或酸咸菜的缸。用旧缸时，在贮藏的前几天用开水和碱面刷洗干净，夏天放在阴凉处，冬季放在温暖的地方，缸内盛净水 10～20 厘米深，距水面 5 厘米处放一木料的井字形架，架上再放苇子、竹片或细竹竿编成的圆形筐子，在蔑子上码放黄瓜。采用大缸贮藏，可将瓜条平放，缸中心形成一个空间，以利通风，码至缸口 10～12 厘米处为止。如果缸小，瓜头朝下，瓜柄向上一条条竖着紧码。码完一层后在其上方再放一井字架，以不压第一层的瓜柄为度，然后再码放第二层，根据瓜条长度和缸的高度确定所码层数。要求一次码完。黄瓜入缸后立即用牛皮纸或塑料薄膜封严。缸要放在凉爽的室内。天气转冷后要采取保温措施，避免低于 10℃。缸藏法使黄瓜处于半封闭状态，易于保持较高的温湿度。另外，缸内氧气含量下降，二氧化碳含量上升，改变了贮藏环境的空气成分，收到气调贮藏的效果。一般可贮藏 30~40 天。

（4）水窖贮藏　该法适于地下水位较高的地区使用。窖的规格一般是宽 3 米、长 5~6 米、深 2 米（地面下挖 1 米，地面上筑 1 米），窖顶覆土厚 0.5 米以上。贮量 2 000~2 500 千克，窖顶设通风口 2 个，每个通风口大小为长 50 厘米、宽 30 厘米，出入口设在顶部或窖壁北侧。窖底贴四周墙壁挖水沟，水沟与地下水相通，沟深 20 厘米，宽 1 米，中间留人行道，水沟上设木架，架宽与水沟相同。架分三层，可直接将黄瓜纵横码于架上。也可将黄瓜装筐或装袋置于架上。这种水窖贮藏湿度大，温度稳定，可贮藏 20~30 天，好瓜率 80%~90%。对于地下水位较低的地区，可在水井附近挖窖（结构同上），不同之处是需每天早晚顺沟向窖内灌水。

（5）沙埋贮藏　沙埋贮藏黄瓜的做法是：露地黄瓜在霜降前采收后，取河滩细沙，洗去泥土，放入锅中炒干（兼有消毒作用），冷至室温，喷水润湿。在上釉的大缸底部铺一层沙，放一层黄瓜，再铺一层沙，再放一层黄瓜，共放 7~8 层瓜。在 7~8℃ 条件下，可贮藏 20~30 天，能基本保持其色泽和鲜味。此法贮藏效果较好，但存贮量很少，很适于家庭采用。

（6）土窖贮藏　晚秋和塑料大棚秋延后黄瓜宜采用此法进行较大数量的贮藏。初霜前后，在背阴处沿东西向挖沟，沟宽 1.7~2 米，深 1.3 米，长度可根据瓜的数量多少而定。挖出的土筑高 1 米、厚 0.7~2 米的土墙，在南、北、西三面墙上设 40 厘米×40 厘米的通气孔，东墙设门。沟顶可放木杆，搭盖 20~30 厘米厚的玉米秸，上盖 20 厘米厚的土；沟顶留出通气的天窗，如无背阴环境，可在沟窖南侧设影草遮阴。在窖内沿窖壁用砖和竹竿搭成架子，可间隔成 3~4 层。早晨摘瓜入窖，码放在架子上。每层黄瓜的厚度不超过 20 厘米，以免压伤瓜条。入窖初期，白天将天窗通气孔及门都堵严，日落后打开天窗、通气孔和门，通风降温。随天气转凉，可减少通风时间或通风量，白天适当通风，夜间关闭并加强保温。为避免黄瓜萎蔫，可每天向黄瓜上喷清水1～2次；或于瓜条上覆盖湿蒲席保湿。贮藏期每隔10～15天检查翻动一次，将不易继续贮藏的瓜条拣出。贮藏可达30天左右，效果较好。

（7）大白菜包埋贮藏法　将大白菜心叶去掉，将成熟适中的黄瓜埋放在白菜心的位置，用外叶覆盖密封，放入白菜窖中，和大白菜同窖贮藏，可贮藏30天，质量较好。此法能很好地保持黄瓜的水分。色泽和风味，是一个较好的民间贮藏法，但不适合大量贮藏。

（8）活体贮藏　活体贮存适用于日光温室秋延后黄瓜。当秋后天气逐渐转凉，晚上日光温室薄膜上覆盖草苫或棉被后，夜温仍然低于10℃，这时不仅植株不能生长，果实也不再生长。为了延长供应期，植株上生长的最后一批黄瓜不摘下来，在植株上吊着，市场需要时再进行采收。在植株上的黄瓜不长。不受冻害，叶蔓还是绿色，称为"活体贮藏"。这种贮藏方法不用增添新的设备和场所。瓜条耐寒性比以上几种方法都强，最低温度不低于5℃，瓜条既不褪色，又不会遭受冻害。在管理上，每天晚上在日光温室上用不透明的覆盖物进行覆盖，早上太阳升起时将不透明覆盖物揭开。贮藏期可达40～50天，华北地区可元旦上市。

（9）其他贮藏法　黄瓜采收后，在果实表面薄薄涂上一层凡士林，可保存一个月或更久一些，这样贮藏的黄瓜有鲜果的形状、风味以及一切本品种特有的颜色和形状。当黄瓜采收后，立即用蜡悬浮液处理（蜡层厚度不超过1～2微米），随后贮藏。这种方法可减慢水分蒸发和减少氧吸收量，效果良好。美国得克萨斯试验场用玻璃纸包裹每个黄瓜果实或用玻璃纸铺在箱内进行箱藏，也得到良好的效果。在10～14天内，黄瓜原有的重量、颜色、硬度和风味品质完全保存。江西省樟树农业学校郭爱明将采下的黄瓜浸泡在15～20℃水中，并进行适时搅拌充氧，可保鲜

20 天。若能安装搅拌器，效果更佳。

（二）运输

按照运输条件和距离选择适合的车辆，车厢底部、两侧铺设稻草或草毡等，然后将包装好的黄瓜码装好，盖上防雨布，扣紧压布绳，即可运输。

第二章

苦瓜设施栽培

苦瓜为一年生攀援性草本植物，因果实中含有一种糖苷而具有特殊的苦味，故名苦瓜。苦瓜的种类较多，其果实幼嫩时果皮或洁白如玉，或白色微碧，或翠若绿宝石，但其表面都生有许多疙瘩，民间形象地称其为"癞瓜"。苦瓜成熟后表皮变成红色，艳丽夺目，惹人喜爱，一些地区称之为锦荔枝。由于苦瓜可作为夏季很好的凉拌菜，故又称为凉瓜。

苦瓜含有丰富的营养物质，有消暑、清热利尿、增进食欲、帮助消化的作用。据资料分析，每 100 克苦瓜的鲜果肉中，含有维生素 A 0.08 毫克，维生素 B_2 0.04 毫克，维生素 B_1 0.07 毫克，尼克酸 0.3 克，蛋白质 0.9 克，脂肪 0.2 克，碳水化合物 3 克，无机盐 0.6 克，钙质 18 毫克，磷 29 毫克，铁 0.6 克，热量 71 千焦，粗纤维 1.1 克。苦瓜从根、茎、叶到花、果实、种子均具有消暑清热、明目解毒之功能。苦瓜中还含有类似胰岛素的物质，有明显降血糖作用。

苦瓜叶片中含有抗菌和抗虫的成分，如几丁酶等，使病虫害发生机会减少，不需或很少需要药物防治。因此，种植苦瓜对环境污染少，是一种天然的绿色食品。另外，苦瓜还具观赏价值，它的叶形为掌状深裂，叶片舒展，茎蔓缠绕，夏季鲜艳的黄色小花点缀于繁茂的枝叶间，果实上有瘤状突起，果实幼嫩时为白色、白绿色或深绿色，成熟后转换为黄色或橘黄色，开裂后，种子外面有红色瓜瓤。因此，苦瓜不仅适宜于大田种植，还可作为一种观赏植物，用于阳台或庭院绿化，即用作篱笆等。由于兼具观赏和药用价值，苦瓜在观光农业中发展前途极大。

　　苦瓜起源于亚洲热带地区，广泛分布于热带、亚热带和温带地区，在印度、日本和东南亚地区栽培历史悠久。于南宋时期传入我国，在我国南方地区已有几百年的栽培历史。现在，全国各地均有种植，以广东、广西、海南、福建、台湾、湖南、四川等地栽培较为普遍。我国苦瓜的种植资源比较丰富，南方各地都有一些优良的地方品种，如广东的江门大顶，湖南的株洲长白和南山大白，江西的扬子洲苦瓜和云南的玉溪苦瓜等。长期以来由于不同地区对苦瓜的消费习惯不同，我国各地栽培的苦瓜品种存在区域性，一般广东、广西、福建、海南等地以种植绿色果皮苦瓜为主，湖南、江西、四川等地则以种植绿白色和白色果皮苦瓜为主。

　　传统的苦瓜栽培以春夏露地种植为主，供应期主要在夏季，是度秋淡的主要蔬菜品种之一。近10年来，随着人们对苦瓜营养价值和药用功能的认识，各地纷纷引种苦瓜，在东北地区也开始种植苦瓜。由于市场对苦瓜的需求量不断增加，苦瓜的栽培时期也从传统的春夏栽培向四季栽培转变，设施栽培的发展和抗逆性强的新品种的选育为苦瓜的四季栽培提供了可能性。据有关专家预测，冬春棚室苦瓜生产面积达到保护地面积的 5%～6%，才能基本满足市场对冬春苦瓜供应的需求，因此发展苦瓜保护地生产，在我国北方具有很大的市场前景。

一、苦瓜生物学特性

（一）植物学性状

　　1. 根　苦瓜的根系比较发达，侧根很多，主要分布在 30～50 厘米的耕作层内，根群最深分布达 2.5～3.0 米，横向伸展最宽 1.0～1.3 米。苦瓜根系既喜潮湿，在栽培上应注意加强水分管理；但又怕涝，所以还要注意在雨后排水。

　　2. 茎　苦瓜植株生长较旺，茎蔓生，具五棱，浓绿色，被茸毛，茎节上着生叶片、卷须、花芽、侧枝。卷须单生。苦瓜的茎分枝能力很强，几乎所有叶腋间都能发生侧枝而成为子蔓，在子蔓上的叶腋间又能发生第二次分枝而成为孙蔓，孙蔓上也能发生侧枝，形成枝繁叶茂的蔓叶系统。所以，在栽培上必须及时进行整枝打杈，否则枝蔓横生，会影响正常开花、坐果和果实膨大。

3. 叶 苦瓜子叶出土，一般不进行光合作用。初生叶1对，对生，盾形，绿色。真叶互生，掌状深裂，绿色，叶背淡绿色，叶脉放射状（一般具5条叶脉），叶长16～18厘米，宽18～24厘米，叶柄长9～10厘米，黄绿色，柄有沟。

4. 花 苦瓜花单性，雌雄异花同株。植株一般先发生雄花，后发生雌花，单生。雄花花萼钟形，萼片5片，绿色；花瓣5片，黄色；具长花柄，长10～14厘米，横径0.1～0.2厘米。长花柄上着生盾形苞叶，长2.4～2.5厘米，宽2.5～3.5厘米，绿色，雄蕊3枚，分离，具5个花药，各弯曲呈S形，互相联合。雌花具5瓣，黄色，子房下位，子房表面具数条瘤状突起，花柄长8～14厘米，横径0.2～0.3厘米，花柱上也有一苞叶，雌蕊柱头5～6裂。上午开花，以8～9时为多。

5. 果实 苦瓜果实为浆果，表面有许多明显不规则的瘤状突起，果实的形状因品种不同差异较大，主要有纺锤形、短圆锥形、长圆锥形等。嫩瓜表皮有浓绿色、绿色、绿白色与白色等，成熟后转为黄红色。

6. 种子 苦瓜种子为盾形、扁平，淡黄色，种皮较厚，表面有花纹。种皮较厚，坚硬，吸水发芽困难，播种后出土时间较长。一般每果含有种子20～50粒，千粒重150～200克。

（二）对环境条件的要求

苦瓜为喜温蔬菜，耐热而不耐寒，遇霜即死；喜湿而不耐涝，生长期间需要较高的空气相对湿度。在雨季遇大雨积水，则生长势减弱；对日照长短要求不严格，属短日照作物。喜光不耐阴，尤其是开花结果期需要较强的光照。对土壤适应性广，但以保水保肥好、肥沃的壤土或黏壤土为宜。吸肥力强，生长期必须供应充足的氮、磷、钾肥料。

1. 温度　苦瓜喜温，较耐热，不耐寒。种子发芽适温 30～35℃，种皮虽厚，但容易吸收水分，在 40～45℃温水浸种 4～6 小时后，于 30℃左右条件下催芽，经过 48 小时左右开始发芽，60 小时大部分发芽。温度在 20℃以下发芽缓慢，13℃以下发芽困难。25℃左右约 15 天便可育成具有 4～5 片真叶的幼苗，如在 15℃左右则需要 20～30 天。但温度稍低和长日照，发生第一雌雄花的节位可提早。开花、结果期适宜于 20℃以上，以 25℃左右为宜。在 15～25℃的范围内温度越高，越有利于苦瓜生育，结果早，产量也高。在 30℃以上和 15℃以下的温度对苦瓜生长和结果都不利。苦瓜在夏季往往可忍耐 40℃左右的高温，在冬季 8℃则停止生长。

2. 光照　苦瓜原属短日照植物，喜光不耐阴，但经过长期的栽培和选择，已对光照长短要求不太严格。在苦瓜栽培中，光照充足有利于光合作用，有机养分积累得多，坐果良好，产量和品质提高。如果在花期遇上低温阴雨，光照不足，则植株徒长，会严重影响正常开花、受粉，发生落花、落蕾现象，所以在保护地内栽培苦瓜时，要加强光照管理，为苦瓜的正常生长提供一个良好的光照条件。

苦瓜苗期所处的温度和光周期会影响其性别表现。它的光周期反应为短日效应，及短日照能使植株发育提早，并促进雌花发育，长日照则相反。苦瓜苗期短日照处理时期应在出苗到 6 片真叶左右为宜，低温可以增强短日照效应，高温则使苦瓜生殖生长推迟，并削弱短日照效果。

3. 水分　苦瓜的根系比较发达，但以侧根发生的须根为主，再生能力弱，故苦瓜喜欢潮湿但很怕雨涝。在生长期间要求有 70%～80% 的空气相对湿度，80%～85% 的土壤含水量。水分过大和田间积水容易使根系坏死、叶片枯萎，轻则影响结果，重则植株发病致死，所以栽培上既要加强水分管理，又要在暴雨成灾时及时排水。一般苗期需水较少，水分过多易徒长，植株瘦弱，抗性降低。开花结果期，随着植株茎蔓快速抽伸，果实迅速膨大，需要的水分供应越来越大，此时应保证水分的供给。

4. 土壤营养 苦瓜对土壤的要求不太严格，适应性广。一般在肥沃疏松、保水保肥力强的壤土上生长良好，产量高，品质优。在沙壤土上栽培，由于通透性好，幼苗生长迅速，前期生长旺盛，但比较容易早衰，产量低，应增施充足的有基肥。在黏性土壤上栽培苦瓜，幼苗生长迟缓，土壤容易板结，透气性差，应增施有机肥以改善土壤结构。同时注意中耕培土，以提高土壤的通透性。

苦瓜对土壤肥力的要求较高。如果土壤中有机质充足，植株生长健壮，茎叶繁茂，开花结果多，产量高，品质优。如果在生长后期肥水不足，则植株容易发生早衰，叶色变浅，开花结果少，果实小，苦味增浓，品质下降。在结果盛期要加强追肥灌水，要求追施充足的氮、磷肥。

苦瓜适宜在微酸性的土壤上栽培，pH6～6.8为宜，过酸或过碱均不利于苦瓜生长发育。

5. 气体条件 土壤中氧的含量因土质、施肥（特别是有机肥数量）、含水量多少而不同。浅层含氧多，所以大量根系分布在浅土层中。二氧化碳含量与氧相反，浅层比深层少。空气中二氧化碳含量为0.03%，远远满足不了苦瓜光合作用的需要。露地栽培由于空气不断流动，二氧化碳可源源不断补充到叶片周围。温室冬季生产，密闭时间较长，二氧化碳得不到补充，往往低于大气中的含量，影响光合作用。

传统的做法是靠增施有机肥，通过微生物分解有机物产生二氧化碳，但是受有机肥数量的限制，以及覆盖地膜等措施的影响，很难满足要求，所以人工施用二氧化碳气肥就成了非常重要的增产措施。

保护地内氨气浓度过高会造成植物中毒，主要是未经腐熟的农家肥在发酵过程中产生的。此外，在保护地内施用碳酸氢铵或撒施尿素后未及时覆土、灌水也会释放出氨气，所以为防止氨气危害，一是杜绝在保护地施用未腐熟的农家肥；二是追肥不应施用挥发性强的碳酸氢铵或氨水等，使用尿素应及时盖土或顺水撒施，最好施用硝酸铵等，按照"少量勤施"的原则进行；三是施肥后应根据天气情况进行通风换气，排出有害气体。

（三）生长发育周期

苦瓜整个生育期100～200天，生育期长短因品种不同而异，一般早熟品种的生育期较短，中、晚熟品种生育期较长。此外，苦瓜的生育期还受栽培季节、栽培环境等条件的影响，如春夏栽培由于苗期温度较低，昼夜温差大，而开花结果其温度较高，在整个生长过程中温度是上升的，因而整个生育期较长；夏秋栽培则是苗期温度较高，生长后期温度较低，因此生育期相对较短。在不同地区栽培苦瓜生育期也有所不同，一般在华南地区春夏露地栽培，生长发育过程为80～100天，在长江流域或长江以北地区则生长期较长，为150～210天。苦瓜的生育期可分为发芽期、幼苗期、抽蔓期和开花结果等4个时期。

1. 发芽期　自种子萌芽至2片子叶展开，第一片真叶显露为发芽期。苦瓜种子种皮硬且厚，发芽速度慢，种子浸种吸水膨胀后，适宜的温度和氧气条件下开始萌动，一般在30～33℃的适温下需5～10天。胚根伸出长达3毫米时为播种适期。播种后，种子胚根继续向下伸长并产生侧根，而下胚轴向上伸长，种皮在胚根和盖土共同作用下开裂，子叶脱离种壳而拱出地面。发芽期的特点：主根下扎，下胚轴伸长和子叶展开。这一段时间苦瓜生长主要靠消耗种子中贮藏的营养，因此充分成熟、籽粒饱满的种子和整理精细的苗床是保证出好苗的主要条件。

2. 幼苗期　从第一片真叶露心到第五片真叶展开，并开始抽出卷须为幼苗期。在20～25℃适温下，幼苗期约需25天。这时腋芽也开始萌动。此阶段的特点是生长缓慢，节间短，茎直立，叶片较小。这时地下部生长快，易因根系供水过多而引起地上部徒长，胚轴和节间伸长，叶片薄、叶色淡绿。幼苗期要适当控制浇水，保证地上部稳长，育成较矮、茎粗、节短、叶片厚和叶色深绿的壮苗，并促进花芽分化，为抽蔓、开花结果打好基础。

3. 抽蔓期 从第五片真叶展开，卷须抽出后，茎开始伸长，植株从直立生长到匍匐生长，直至植株现蕾，为抽蔓期。但若温度高，生长快，植株在幼苗期结束前后现蕾，就没有抽蔓期。温度在 20℃ 以下生长缓慢，一般需 15～20 天。这个时期为营养生长时期，蔓叶、根系群迅速发展，茎节上的叶芽也迅速萌生，抽出侧蔓。同时，花芽也迅速分化发育。因此，这一时期内需要搭架引蔓，进行植株调整，处理好营养生长与生殖生长的关系，以适应茎叶旺盛生长和结果的需要。

4. 开花结果期 从植株现蕾到停止生长为开花结果期，一般为 50～70 天。其中现蕾开始到初花约需 15 天，开花到初收约需 12～15 天，初收到末收需 25～45 天。苦瓜的开花结果期占其整个生育期的一半。整个生长发育过程在华南地区需 80～100 天，在长江流域和长江以北各地生长期较长，需 130～210 天，主要是苗期和采收期较长，种子发芽和幼苗生长缓慢。

此期茎、叶生长与开花结果同时进行，为生长高峰期。植株每节的叶片、卷须、雄花和雌花陆续形成，雌花增多，茎蔓叶片的面积达到最大值，主侧蔓生长速度快。坐果后，幼瓜迅速生长，瓜条的生长速度与品种特性、环境条件、管理状况有关。通常根瓜生长缓慢，一般开花后约 15 天采摘。以后幼瓜生长加快，8～10 天即可采摘。结果期长短差异很大，主要受品种、类型及栽培季节影响。

苦瓜在生长发育过程中，自始至终茎蔓不断生长。抽蔓期以前生长缓慢，占整个茎蔓生长量的 0.5%～1%；绝大部分茎蔓在开花结果期形成。在茎蔓生长中，随着主蔓生长，各节自下而上发生侧蔓，侧蔓生长至一定程度，又可发生副侧蔓。如任意生长，茎蔓生长比较繁茂。

一般植株在第四至第六节发生第一雄花，第八至第十四节发生第一雌花。发生第一雌花后，各节都能发生雄花和雌花，一般间隔3～6节发生一个雌花，或连续发生两个或多个，然后相隔多节再发生雌花，但主蔓50节以前一般具有6～7个雌花者居多。主蔓上每个茎节都可发生侧蔓，而以基部和中部发生的较早较壮。侧蔓第一节就开始生花，多数侧蔓连续发生许多节雄花，才发生雌花。主蔓雌花的结果率有随着节位上升而降低的倾向。

苦瓜以主、侧蔓结果，主蔓首先发育雄花，然后发育雌花。主蔓雌花的结果率随着节位上升而下降。一般主蔓第一至第五雌花形成产量，但第一雌花由于营养面积尚小，平均单瓜重也比较小；侧蔓一般是第一至第二雌花形成产量。往往基部和中部发生的侧芽较早，也较粗壮，但雌花着生的节位太高，营养消耗与产出比值较大，很不合算，同时造成了中上部侧蔓生长弱小，结果率降低，平均单果重下降，对整个植株生长和提高产量不利。从整个植株的营养调整与产量、品质的关系考虑，应及早摘除主蔓基部和中部以下的侧蔓及主蔓第一雌花，集中营养提高主蔓第二雌花以后的各节雌花结果率及单果重，也使中上部侧蔓生长更粗壮，提高中上部侧蔓雌花的结果率和单果重，从而提高整个植株的产量，这是获得苦瓜丰产优质的关键技术。

单对果实发育而言，从雌花开放到果实生理成熟可分为以下3个时期：

（1）坐瓜期　雌花开放到幼瓜开始迅速膨大，需3～5天。

（2）果实膨大期　从果实迅速膨大到停止膨大。这一时期的长短因品种而异，早熟品种为7～10天。此期结束，可采摘上市。

（3）生理成熟期　果实停止膨大到生理成熟。早熟品种需

15～18天。一般留种的植株才有生理成熟期。

二、苦瓜栽培类型与季节

（一）苦瓜栽培类型

我国苦瓜品种资源较为丰富，南方各地都有一些地方品种，尤以华南地区品种更多。苦瓜的品种可根据不同分类方法分别进行分类。

1. 按果实大小分类 按果实的大小可分为大型苦瓜和小型苦瓜两种类型。

（1）大型苦瓜 果实呈长圆筒形或圆锥形，一般长 15～50 厘米，横径 5～8 厘米，果实表面光亮，有细密美观的纵行瘤状突起。一般单果重 250～500 克。果实内含有种子数较少，主要集中在果实中下部，果实达到生理成熟时极易开裂，开裂后种子掉到外边。果皮的颜色随着果实的发育时期而变化，幼果视其为深绿色，商品成熟期变为绿色、绿白色、白色，到生理成熟期均为红黄色。我国南北各地作商品蔬菜使用的大多属于这类品种。

（2）小型苦瓜 果实呈短纺锤形或圆锥形，一般长 5～12 厘米，横径 4～5 厘米。果皮的颜色有绿白色和白色两种，生理成熟期均为金黄色。果肉较薄，苦味浓，果皮易开裂。果实内含有种子数较多，种子发达且较大。红色瓜瓤味甜，一些地区作为水果食用。由于小型苦瓜单瓜重仅 100～250 克，产量低，品质差，很少作蔬菜大面积栽培，多用于庭院绿化和观赏。

2. 按果实形状分类 根据果实的形状可分为短圆锥形、长圆锥形和长圆筒形 3 种类型。

以目前市场上栽培的苦瓜为例，其中大顶苦瓜属于短圆锥形，滑身苦瓜属于长圆锥形，长身苦瓜属于长圆筒形。

3. 按果皮颜色分类 苦瓜最常见和实用的分类方法是按其采收期果实果皮的颜色分类，分为绿色、绿白色和白色 3 种类型。我国不同地区对苦瓜的种植和消费习惯具有明显的地域特性，一般来说绿色和浓绿色果皮的苦瓜以长江以南地区（如广东、福建、海南等地）栽培较多；绿白色果皮的苦瓜以长江以北地区（如湖南、江西等地）栽培较多；白色果皮的苦瓜主要以我国台湾高雄、屏东地区栽培较多。

（二）苦瓜主要栽培品种

苦瓜在长江以南的广东、广西、福建、台湾、江西、海南、四川、湖南等省、自治区栽培较为普遍，品种资源丰富。近几年，北方栽培也越来越多，通过相互引种、驯化和育种，形成了各地的地方品种。

1. 绿果皮类型主要品种　如90-1苦瓜、90-2苦瓜、滨城苦瓜、长绿苦瓜、长身苦瓜、翠绿1号苦瓜、翠秀、大顶苦瓜（雷公凿）、大朗（大朗油瓜）、广汉青丰苦瓜、海新苦瓜、红门苦瓜、滑身苦瓜、江门打顶、绿宝石苦瓜、绿人、穗新1号、穗新2号、穗优、夏丰2号苦瓜、夏丰3号、夏丰苦瓜、夏蕾苦瓜、湘丰5号、湘苦瓜4号、小苦瓜、秀华、英引苦瓜、杂交翠绿大顶苦瓜、早丰2号苦瓜、湛油苦瓜、种都华绿苦瓜。

2. 绿白或白色果皮类型主要品种　如杂67苦瓜、89-1苦瓜、89-2苦瓜、89-3苦瓜、北京白苦瓜、草白苦瓜、长白苦瓜、成都大白苦瓜、大白苦瓜、独山白苦瓜、广汉青丰苦瓜、广汉特大长白苦瓜、广汉雪白苦瓜、海参苦瓜、汉中长白苦瓜、黑龙江白苦瓜、吉安长苦瓜、蓝杉达白苦瓜、冷江1号苦瓜、农友1号、农友2号、农友6号、湘苦瓜1号、湘苦瓜2号、湘苦瓜3号、扬子洲苦瓜、永安大顶苦瓜、玉溪苦瓜、月华苦瓜、云南大白苦瓜、种都刺黄苦瓜、种都华雪苦瓜、株洲长白苦瓜。

（三）苦瓜栽培季节

苦瓜为喜温性蔬菜，对栽培季节要求较为严格。露地栽培只能在无霜季节进行。因我国南北各地无霜期时间差异较大，露地栽培的季节有所不同。北方无霜期短，苦瓜多作春、夏季栽培，南方特别是华南地区可春、夏、秋季播种栽培。全国各地主要以春播为主，市场供应时间大部分集中在夏秋两季，冬春季市场苦瓜上市量少，缺口大。棚室栽培主要把上市时间安排在缺口大的冬春季节里，以达到周年供应的目的。棚室一般可安排越冬茬栽培、早春茬和秋冬茬栽培。越冬茬北方各地均在日光温室生产，早春茬多在我国中南部地区采用大棚生产。

我国地域辽阔，各地气候条件各异，因此不同地区苦瓜露地栽培的茬口差异较大。由北向南可划分为4个苦瓜生产区——北方单作区、华北暖温带生产区、长江流域亚热带生产区及华南热带生产区。

1. 北方单作区 本区包括黑龙江、吉林、辽宁北部、内蒙古、新疆、甘肃、陕西北部、青海、西藏等省、自治区。该区无霜期短，仅3~5个月，一年内只能在露地栽培一茬作物。

设施栽培主要茬口类型：

（1）日光温室秋冬茬 一般在7月下旬至8月上旬播种育苗，9月初定植，10月中旬至11月上旬开始收获，新年前后拉秧。

（2）日光温室早春茬 一般在12月中旬至翌年1月中旬在日光温室内利用电热温床播种育苗，2月中旬至3月上旬定植，一直到7月中下旬拉秧。

（3）塑料大棚春夏秋一大茬栽培 2月底至3月中旬在日光温室或加温温室内播种育苗，5月上旬大棚内定植，6月上旬开始采收。夏季顶膜一般不揭，只去掉四周群膜，以防止植株早衰；秋末早霜来临前将棚膜全部盖好保温，使采收期后延30天左右。

2. 华北暖温带气候区 本区包括辽宁南部、河北、北京、天津、山东、山西、陕西和甘肃两地南部、江苏和安徽两地淮河以北地区。全年无霜期200~240天，冬季晴日多，苦瓜设施生产结合露地栽培基本实现周年生产供应。设施栽培主要茬次安排：

（1）日光温室茬次安排　北纬 40°左右以南地区，日光温室可以全年生产。根据播种和定植时间，苦瓜栽培可分为冬春茬、秋冬茬、特早春茬和全年一大茬。

冬春茬：日光温室冬春茬栽培是指 9 月下旬至 10 月上旬播种育苗，11 月下旬至 12 月上中旬定植，春节前后上市，翌年 6～7 月拉秧，整个生育期达 7～8 个月。该茬次对设施栽培技术要求较高，承担风险较大，但经济效益最好。

秋冬茬：播种育苗多为 7 月中下旬至 8 月上旬，定植期为 8 月上中旬至 9 月上旬，供应深秋、初冬、元旦、春节市场。该茬次若管理得当可延迟至翌年 7 月拉秧，进行全年一大茬栽培；若温室条件不好，管理不当，多在春季前后拉秧。

（2）塑料棚春提早栽培　在日光温室内育苗，于 3 月下旬至 4 月上旬定植于塑料大棚内。采收比露地提早 60～80 天上市。

（3）塑料棚秋延晚栽培　秋延迟栽培有两种方式。一种是利用春提早栽培的苦瓜经过越夏栽培，在秋季早霜来临前扣上棚膜，向后延迟一段时间的栽培方式；另一种是利用露地栽培的苦瓜进行秋延后生产。

3. 长江流域亚热带生产区　本区包括重庆、贵州、湖南、湖北、陕西汉中盆地、浙江、上海、江西、安徽和江苏两省淮河以南地区，以及广东、广西、福建的北部地区。全年无霜期 240～340 天，年降水量 1 000～1 500 毫米，且夏季雨量最多。本地区适宜苦瓜生长的季节很长，一年内可在露地栽培 2 茬，即春茬、秋茬。设施栽培方式冬季多以大棚为主，夏季则以遮阳网、防虫网覆盖为主，还有现代加温温室。苦瓜设施栽培茬口主要有：

（1）大棚春提前栽培　一般初冬播种育苗，翌年 2 月中下旬至 3 月上旬定植，4 月中下旬始收，6 月下旬至 7 月上旬拉秧。

（2）大棚秋延迟栽培　此茬口类型一般采用遮阳网加防雨棚育苗，定植前期进行防雨遮阳栽培，采收期延迟到 12 月至翌年

1月。后期通过多层覆盖保温及保鲜措施可使苦瓜采收期延迟至元旦前后。

(3) 大棚多层覆盖越冬栽培 一般在9月下旬至10月上旬播种育苗,12月上旬定植,翌年2月下旬至3月上旬开始上市,持续到4～5月结束。

4. 华南热带生产区 本区主要包括广东、广西、福建、台湾、海南等地。常年无霜,月均温12℃以上。由于生长季节长,苦瓜可在一年内栽培多次,还可在冬季栽培,但夏季高温,多台风暴雨,所以设施栽培主要以防雨、防虫、降温为主,故遮阳网、防雨棚和防虫网栽培面积较大。

上述4个区域均可利用大型连栋温室进行苦瓜一年一大茬生产。一般于7月中下旬至8月上旬播种育苗,8月下旬至9月上旬定植,10月上旬至12月中旬始收,翌年6月底拉秧。

三、苦瓜设施栽培技术

(一)品种选择

1. 选择原则 苦瓜保护地栽培按设施类型分日光温室栽培、塑料大棚栽培、连动大棚栽培及现代化温室栽培。无论选择哪种设施类型,在选择品种时都应选择早熟性好、生长势强、耐低温弱光性强的品种。如夏丰苦瓜、蓝山大白苦瓜等。

2. 适宜棚室栽培的苦瓜品种

(1) 春帅苦瓜 湖南省农业科学院园艺研究所选育。早熟品种,播种至开始采收75天左右;植株蔓生,生长势中等,分枝力强,节间较短,蔓长3.5米左右,主、侧蔓均可结瓜,第一雌花节位为第10～12节;果实长圆筒形,果皮白色,半突瘤,果长28～30厘米,横径50米,肉厚0.85厘米,味苦,单果重400克左右,亩产量3 400千克。对白粉病和疫病有较强抗性,适于长江流域早春露地和保护地栽。

(2) 绿宝石 广东省农业科学院蔬菜研究所育成。单瓜重

30 克左右，瓜长 25 厘米，横径 6 厘米，棍棒形。瓜皮浅绿色，瓜面光亮，有粗直瘤条，瓜肉较厚，品质优良。该品种适应范围较广，生长旺盛，分枝性强，耐寒性强，耐热性较强，抗病力强，结瓜多，早熟。

（3）槟城苦瓜 广东省从新加坡引进的优良品种。植株蔓生，生长势强，分枝多。主蔓 10 节左右开始着生第一雌花，以后每隔 3~5 节着生雌花。果实长 30 厘米，横径 8 厘米，瓜面有明显棱及瘤状突起。瓜皮绿色有油亮光泽，老熟时黄色。瓜质地细实，微苦。植株抗逆性强，耐热，适应性较强。

（4）翠绿 2 号 广东省农业科学院蔬菜研究所由江门大顶苦瓜通过 12 代自交选育而成。植株生长势强，主蔓结瓜为主，雌性强，坐瓜率高，可以连续坐瓜 4~6 条。畸形瓜少，整个收获期瓜形较一致，中后期瓜不变长，商品瓜率高，产量集中。瓜短圆锥形，圆、条瘤相间，以条瘤为主，条瘤粗直，深绿色有光泽，瓜形美观，肩平大，商品性好。平均瓜长 15.3 厘米，横径 7.1 厘米，单瓜重 260 克，肉厚 1.2 厘米，味微苦。早熟，第一雌花着生节位平均为 12.8 节。

（5）赣优 1 号 江西省农业科学院蔬菜花卉研究所育成的杂交种。特早熟，优质，丰产，抗病，抗逆性强，是春季早熟栽培的理想品种。植株生长旺盛，分枝力强。主蔓第一雌花节位于 7~9 节，雌花节率高，主、侧蔓均能结瓜，且具有 2~3 节连续着生雌花和连续坐果的特性。果实绿白色，棒形，有光泽。瓜长 35 厘米，横径 6 厘米，肉厚 1 厘米，单瓜重 400 克，瓜面条瘤与细瘤相间排列，肉质脆嫩，苦味适中，品质优良。

（6）广西 1 号大肉苦瓜 广西农业科学院蔬菜研究中心育成。早中熟，耐湿，耐热，抗病性强，长势旺盛，分枝力强，主、侧蔓均结果。果实长纺锤形，顶端较钝。果皮浅绿色，条纹粗直。果肉厚实，苦味适中。长 28~35 厘米，横径 10~12 厘米，单瓜重 500~1 000 克。利用冬暖棚室反季节保护栽培，可延长持续结瓜期。

(7) 广西 2 号大肉苦瓜　广西农业科学院蔬菜研究中心育成。全生育期长势强盛，抗病性强，耐湿热，结瓜节位低，主、侧蔓均结果。果实纺锤形，瓜皮淡绿色，条纹粗直，肉色好。瓜肉厚，肉质嫩滑，苦味中等。瓜长 25～30 厘米，横径 9～13 厘米，单瓜重 450～800 克。露地栽培与冬暖大棚保护地栽培的产量水平，均与广西 1 号大肉苦瓜相近。熟性早，品质好于广西 1 号大肉苦瓜。

(8) 夏蕾　华南农业大学园艺系育成的苦瓜常规优良品种。在中国蔬菜之乡山东省寿光市，菜农们多称其为"短绿苦瓜"。植株攀缘生长性强，主、侧蔓均能结瓜，分枝性强，侧蔓多，单株结瓜数多。瓜长筒形，长 16～20 厘米，横径 4.2～5.4 厘米。单瓜重 150～250 克，最大可达 250 克。瓜面翠绿，有光泽，具有密而大的瘤状条纹。瓜肉厚，品质中等，苦味适中。较耐贮运。中熟。耐热，耐涝。对枯萎病有较强的抗性。既适于夏、秋季栽培，又适于棚室保护地反季秋冬茬和越冬茬栽培，持续结瓜期长，不早衰，一般亩产商品瓜 10 000 千克。

(9) 中农大白苦瓜　中国农业科学院蔬菜花卉研究所育成。植株攀缘生长势强，分枝多，结瓜多。瓜长棒形，长 50～60 厘米，横径 4.7～5.2 厘米，单瓜重 350～550 克。外皮淡绿白色，有不规则的棱和瘤状突起，果肉厚 0.8～1.2 厘米，肉质脆嫩，味微苦，品质佳。耐热，抗病，耐肥，适应性强，适应范围广。宜于北方地区春季栽培和冬暖塑料大棚保护地反季节栽培，是一个高产优质品种。

(10) 蓝山大白苦瓜　湖南省蓝山县选择而成的苦瓜优良品种。根系发达，主蔓分枝性强，主、侧蔓都能结瓜。主蔓 12～16 节开始着生雌花，以后连续或隔节出现雌花。瓜条长圆筒形，长 50～70 厘米，最长可达 90 厘米，横径 7～8 厘米。单瓜重 750～1750 克，最大 2 500 克。瓜面有棱及不规则瘤状突起。商品瓜乳白色，有光泽，肉质脆嫩，苦味适中。抗枯萎病能力强，耐热而不耐寒。

（11）湘研大白苦瓜　湖南省农业科学院园艺研究所经系统选育而成。蔓长 3 米左右，生长势强，叶绿色。瓜长条形，长 60～70 厘米，瓜皮白色，肉厚，籽小，品质优良。为中熟品种。耐热性强，丰产。

（12）翠秀　台湾新型品种。抗矮南瓜黄化嵌纹病毒病（ZYMV），早熟，比一般品种约早上市 7 天。茎蔓深绿色，生长势强，结果数多，产量高。果倒圆锥形，肩部宽广而平整，渐向下尖。果皮较平滑。果色翠绿亮丽，肉厚质脆，生食或炒食均可，有甘味。该品种结果多，为防止植株衰退，采收期间宜多施肥。较不耐阴，日照≥13 小时，雌花少，且节位高。苗期遮光可促进雌花生成。注意预防枯萎病、炭疽病、白粉病、瓜实蝇危害。

（13）翠妃　中熟，茎蔓深绿色，生长势强，结果数多。采收期长，产量较高，比较耐热耐湿，抗多种病害。果长纺锤形，条瘤粒瘤相间，粒瘤为主，瓜体深绿色（或墨青色），具有光泽，在市场上十分受欢迎。该品种苦味中等，肉厚 1 厘米，组织较为充实，炒食爽脆。瓜体前期发育较慢，接近中期到商品成熟，果长、果重增量较快。生长发育适温 25～30℃，苗期遮光可增加雌花率，品种耐肥不耐瘠，要发挥主蔓结瓜优势。

（14）碧玉苦瓜　早熟性强，比一般品种早上市 10 天左右。对温度、光照适应性较强。高抗多种病毒。果实绿色，长棒形，光泽油亮，刺瘤丰满，瓜身坚实，空心极小，耐运。瓜长 30～40 厘米，横径 6～8 厘米，单果重 500～600 克，肉质干脆微苦，品质上乘，商品性极佳，产量高。总产量比其他品种高 10％左右。

（15）沃福　早熟，比一般品种早上市 5～7 天。茎蔓绿色，瓜体色泽翠绿，十分艳丽诱人。果实较长，中部微膨大，头部稍尖长。抗病性强，耐高温，耐低温。定植 1.95 万～2.25 万株/公顷为宜，生长期间，应对侧枝密度进行合理调控。保护地需人工授粉。丰产潜力大，要保证肥水供应，否则容易脱肥减产。

（16）KG-007　早熟，茎蔓深绿色，生长旺盛，丰产潜力大。耐热性好，抗病性强。始花位 7～8 节，主蔓结瓜为主。雌花率高，节成性好，连续坐果能力强。果实长棒形，瓜皮绿色。品质优，果肉厚，肉质脆，苦味中等。适宜春、夏播种栽培。一般产量 60 吨/公顷。

（17）绿茵 8 号　早中熟，耐湿，抗病，适应性广，生长势强。主侧蔓均可结瓜，雌性适中。连续坐果能力强，回头瓜多，采收期长，产量高。瓜长炮弹形，瓜形均匀美观，皮色油绿、有光泽，条瘤明显，肉厚，质爽滑，品质优良。种植密度 9 000～12 000 株/公顷。需施足基肥，插竿搭架引蔓栽培。结瓜后应加大肥水管理，合理整枝，注意防治病虫害。

（18）珍珠美人　早熟，茎蔓深绿色，生长粗壮，抗病性强，适应性广。瓜皮深绿，光滑透亮，肉厚，口感脆爽，商品性特佳。瓜刺瘤凸出，货架期长，耐长途运输。产量可达 60 吨/公顷。适宜春播、夏播栽培。定植 1.2 万～1.5 万株/公顷，用种量约 3 千克/公顷。施足基肥，及时追肥。1 米以下侧蔓需摘除。注意防治白粉病、霜霉病、瓜实蝇、瓜螟等病虫害。

（19）超霸新 1 号　早中熟，茎蔓绿色，生长强健，分枝力较强。雌花多，坐果率高。瓜长圆柱形，外皮浅绿色或黄绿色，有光泽，粒瘤密集、均匀、凸出，十分亮丽。肉质脆，口感极佳。丰产性好，产量 52.5～75.0 吨/公顷。选择土层深厚、肥沃、排灌方便、前作非瓜类作物田块种植为宜。人字连接架或平棚架一般定植 2 700～4 500 株/公顷。施足基肥，适当追肥。保持土壤正常湿润，避免积水。及时整蔓，剪除衰黄病叶，注意防虫防病。

（20）台湾大肉苦瓜　中熟，茎蔓浅绿色。果色青白，瓜体特大，倒圆锥形，果身肥满，节瘤粒瘤光滑凸出。口感极好，采收期长，产量高，适应全国各地栽培。宜选择土质深厚、肥沃且排灌良好的土壤。2叶1心为最佳定植期，切忌大苗定植和大苗期第2次移植。稀植定苗6 000～9 000株/公顷，应深沟高厢种植。苗期特别应避免肥害、药害及高温烧苗。侧蔓结瓜为主，建议仅保留主蔓高度1米以上的侧蔓。及时防治病虫害。

(21) 长白苦瓜　茎蔓生，长势和分枝性较强。瓜长纺锤形，白色有光泽，纵径30～35厘米，横径3.5～4.0厘米。肉厚、籽少，质地清脆、细嫩。栽3 750株/公顷，每窝2～3株，产量22.5吨/公顷左右。苗期促控结合，定植后注意提高低温，中耕促根早发。前期注意侧蔓修剪，中后期加强肥水管理，促进侧枝结瓜和提高回头瓜的商品率。加强蚜虫、茶黄螨等害虫的防治。

（二）培育壮苗

1. 浸种催芽　苦瓜的种子表皮厚而坚硬，如果直接将种子播到大营养钵或穴盘中，水分不易渗透入内，发芽缓慢，幼苗出土不齐，缺苗率比较高，因此播种前应进行浸种催芽。

(1) 温汤浸种　将种子浸入55～60℃的温水中，边浸边搅动，并随时补充温水，保持55℃水温10分钟，再倒入少许冷水使水温降到25～30℃；浸种时间为8～12小时。由于苦瓜种皮坚硬，浸种前应将胚端的种壳磕开，以加速吸水。

(2) 催芽　主要是满足种子萌发所需要的温度、湿度和通风条件。将浸过的苦瓜种子捞起，流水下清洗干净，稍晾一下即可用多层潮湿的纱布或毛巾等包起，放入28～30℃的恒温箱中催芽，待种子露芽3毫米左右时即可播种。经过30小时即开始发芽，4～6天可发芽完全。催芽过程中要每天勤检查，把已发芽的种子挑选出来，播种。如果未发芽的种子表面已长出霉菌，则需及时用清水洗净后再催芽，直至完全出芽为止。

2. 播种　长江中下游地区一般于2月中下旬在大棚内搭小拱棚，苗床下铺电热线保温育苗。

（1）苗床准备　按要求铺好电热线，将育苗专用基质用百菌清消毒基质中拌入药，用50孔孔穴盘播种。播种前一天将穴盘装满育苗基质，并浇透水。

（2）播种　在每个穴孔中间用食指插深约1厘米的穴，将已发芽的种子平放穴内，盖上1.5～2厘米厚的过筛细土，把播完种的穴盘或营养钵摆在铺好的电热温床上，上铺双层湿报纸保湿，苗床上再加盖小拱棚保温，穴盘内插温度计观察苗床温度变化。

3. 苗床管理

（1）温度管理　出苗前，保持苗床温度30℃，这样可加快苦瓜出苗。播后1～5天，密切注意防高温烧芽，中午拱棚内温度达35℃时，要掀开拱棚两头通风，降低苗床温度；出苗后则可适当降低温度，防止幼苗徒长，可把气温白天降到26～28℃，夜间16～18℃。当长出2～3片真叶时，可把夜间温度降至13～15℃，这样可以促进雌花分化，降低雌花节位，达到早熟的目的。

（2）通风管理　早春苦瓜育苗，通风是防止幼苗徒长及预防病害发生的主要措施。齐苗后开始通风，通风口大小、时间长短应逐渐加大，不可突然大量通风，以防幼苗受冻。连续阴雨天，棚内阳光不足，温度低，湿度也较大，幼苗不但易徒长，且易发生猝倒病，除注意保温透光外，应适当少量通风降低湿度，每天中午揭开小拱棚的两头换气1～2小时；晴天中午，棚内温度高，可考虑适当加大通风度。定植前一周，如无霜冻，应采取早揭晚盖的方法，使苦瓜苗得到锻炼。

（3）炼苗　定植前要加强炼苗。炼苗的方法是降温和控制水分。出苗60%以上时应及时将报纸揭掉，提前出苗的可撕开报纸，防止徒长。定植前7～10天停止通电加热，并把小拱棚撤掉，白天要注意温室放风，进行低温炼苗，以提高幼苗抗寒能力，适应定植后新的环境条件。

（4）病害预防　子叶全展后，在上午 10～11 时用 70% 百菌清可湿性粉剂撒在苗床上，7～10 天后再洒药 1 次，以防苗期病害。

4. 壮苗标准与适宜苗龄　一般说壮苗的共同特征是：生长健壮，高度适中，茎粗节短；叶片较大，生长舒展，叶色正常或稍深有光泽；子叶大而肥厚，子叶和真叶都不过早脱落或变黄；根系发达，尤其是侧根多，定植时短白跟密布育苗基质块的周围；秧苗生长整齐，既不徒长，也不老化；无病虫害。

（1）壮苗的形态特征　在南方，苗龄在 25～30 天达到 3 叶 1 心，或 4 叶 1 心；在北方，苗龄在 30 天左右达到 4 叶 1 心或 5 叶 1 心；同时具备子叶小而厚，叶色绿，子叶完好；植株生长健壮，茎粗，节间短，根系多而密等特点。壮苗一般抗逆性强，定植后发根快，缓苗快，生长旺盛，开花结果早，产量高。

（2）适宜苗龄　苦瓜定植的适宜生理苗龄为 4 叶 1 心。其日历苗龄会因育苗期的温度条件而异，秋冬茬一般是 20～25 天，越冬一大茬一般是 30～40 天，冬春茬多为 40～50 天。

5. 嫁接育苗　为提高苦瓜的抗寒性和抗病性，可与黑籽南瓜进行嫁接，培育嫁接苗。苦瓜的嫁接苗栽培比黄瓜、西瓜和甜瓜等起步晚，目前我国南方、北方地区均已开始采用。苦瓜嫁接苗栽培是以抗病性强、嫁接亲和力高的其他瓜类如黑籽南瓜、丝瓜等为砧木，用苦瓜栽培品种为接穗，通过嫁接达到防止土传病害（枯萎病、根结线虫病）、增强耐低温能力、强化生长势的目的，进而实现苦瓜早熟、高产、稳产。

（1）嫁接前苗期管理　当南瓜长出真（心）叶，苦瓜幼苗长到 1 叶 1 心时即可嫁接。阴天、无风和湿度较大的天气最适宜嫁接。嫁接前，苗床要适量浇水。

（2）嫁接　场所选择要求温度适宜，最好在 20～25℃，这样不仅便于操作，而且利于伤口愈合。空气相对湿度要大，在80% 以上，且适度遮阴。冬、春季育苗多以温室为嫁接场所。嫁接前几天适当浇水，密闭温室不通风，以提高其空气相对湿度。夏季育苗、嫁接时应搭设遮阴、降温、防雨棚。

靠接法：砧木和接穗均宜用子叶苗。黑籽南瓜出现第一片真叶，苦瓜出现 1 叶 1 心时为嫁接适期。嫁接过早，幼苗太小操作不方便；嫁接过晚，成活率低。砧木和接穗下胚轴长度 5～6 厘米时有利于操作。

靠接法虽然较费工，但成活率高，在生产上被广泛采用。要注意两点：一是南瓜幼苗下胚轴是一中空管状体，髓腔上部小下部大，所以南瓜苗龄不宜太大，切口部位应靠近胚轴上部，砧穗切口深度、长度要合适。切口太浅，砧木与接穗结合面小，砧穗结合不牢固，养分输送不畅，易行成僵化幼苗，成活困难；切口太深，砧木茎部易折断。二是接口和断根部位不能太低，以防止栽植时被基质或土壤掩埋再生不定根或穗腔中产生不定根入土，失去嫁接意义。

插接法：砧木丝瓜和接穗苦瓜均为子叶苗。丝瓜采用营养钵育苗，提前 2～3 天播种。当丝瓜出现真叶，苦瓜 1 叶 1 心时进行嫁接。

采用插接法，砧木苗无须取出，减少嫁接苗栽植和嫁接夹使用等工序，也不用断茎去根，嫁接速度快，操作方便，省工省力；嫁接部位紧靠子叶节，细胞分裂旺盛，维管束集中，愈合速度快，接口牢固，砧穗不易脱裂折断，成活率高；接口位置高，不易再度污染和感染，防病效果好。但插接对嫁接操作熟练程度、嫁接苗龄、成活期管理水平要求严格，技术不熟练时嫁接成活率低，后期生长不良。

劈接法：也是断根嫁接的一种，砧木和接穗分别播种。切除砧木生长点，从砧木两子叶中间茎的一侧竖直向下切 1 厘米，深度以不切到髓部（空心处）为宜；接穗削成两面平滑的楔形；将接穗插入砧木切口，用夹子固定或用胶带粘住。

（3）嫁接苗管理　嫁接对植物来说是进行一次"外科"大手

术，除了嫁接的质量以外，嫁接后护理的优劣也直接关系到嫁接苗成活率的高低。

　　嫁接苗的成活关键是砧木和接穗的切面上要形成完好的愈伤组织。如果嫁接适期掌握得好，嫁接技术熟练，切口平整，没有污染的嫁接苗，在嫁接后 24～30 小时愈伤组织便能形成。嫁接后成活的关键主要是湿度和温度，因此要注意以下 3 个方面：①创造一个潮湿的环境。嫁接愈合期的头 3 天一般要保持白天空气相对湿度达到 95％左右。为此，嫁接后要扣盖小拱棚将苗子密闭起来，人为创造一个高湿的环境。二是要防止棚膜水珠直接滴到嫁接苗上，因此小拱棚要做成圆拱形，使棚膜上的水滴顺势流到畦边的地面。平时不要轻易振动棚膜，以防止抖落水滴。三是要及时补充水分。双苗嫁接移栽的，假植时要浇好水，一方面是保证苗子吸水，一方面是向空气中散失水分；单苗移栽嫁接的，在放置营养钵的床面上要洒上水，以保证空气湿度。假植后愈合期湿度不足时，不能用喷水的办法来增湿，因为嫁接的伤口遇水易感病腐烂，需要采取地面给水的方法。②按要求进行温度调节。头 3 天小拱棚内应保持较高的适宜温度，作物不同可能要求的温度不一样。但此间一般白天达到 25～30℃，夜间 18～20℃，土温 25℃左右。3 天的气温要用遮光来调节，因为通风会降低湿度，所以一般不能通风。一般上午 10 时至下午 16 时避免阳光直射，采用纸被、无纺布等遮花阴。3 天后逐渐降低温度。早晚要逐渐增加光照时间，温度高时一般可采用遮光和换气相结合的办法来加以调节，白天掌握 23～26℃，夜间 17～20℃，空气相对湿度 70％～80％。6 天后可把小拱棚两侧的薄膜掀开一部分，逐渐扩大，8 天后去掉小拱棚，转入正常管理。③适时断根。对于嫁接苗，都要在嫁接成活后断掉接穗苗的根，使秧苗真正成为一个具有砧木根、接穗头的独立植株。断根既不能太晚，也不能太早，一般是在嫁接 7～10 天后苗子已经成活时进行。开始要搞几株做试验，成功后即可全部推行。度过嫁接愈合期已完全成活的苗子，即可参照常规育苗方法进行管理。

（三）栽培管理

苦瓜设施栽培相比露地栽培不易受外界自然环境的限制，常年可以生产，目前生产上通过利用不同类型的设施生产蔬菜，起到填补市场空缺，达到周年生产供应的目的。主要栽培类型为秋冬茬栽培、越冬栽培、冬春茬栽培、春提早栽培、秋延迟栽培。秋冬茬主要解决大棚秋延晚结束之后的市场供应，果实采收上市时间主要是 11～12 月份；越冬茬主要是解决冬季和春节前后的供应，时间是 1～3 月份；冬春茬重点是解决越冬之后到大棚春提早上市前的市场供应，时间是 3～4 月份。

1. 日光温室冬春茬苦瓜栽培　苦瓜适应性广，喜温，耐热，耐肥，喜潮湿，因此在长江流域和北方一些地区利用日光温室进行冬春茬栽培。这一季苦瓜的上市时间可以赶在元旦或春节的黄金时间，前期收货时苦瓜的上市量少，但产值较高，经济效益好。不同地区的播种时间需依据当地的气候条件和不同的设施栽培条件而定，北方地区的播种时间在 9～10 月份较为适宜，在春节前即可上市销售。

（1）播种期　苦瓜日光温室栽培从播种至采收约需 90 天。该茬在元旦或春节供应市场，一般在 9～10 月份播种。

（2）整地作畦　结合整地，在定植前施足基肥。在播种前20 天，每亩施优质土杂肥 5 000 千克或猪牛粪等厩肥 2 000～3 000 千克、复合肥 20 千克、钾肥 5～10 千克，深耕，将肥与土混合均匀，然后密封棚室 7 天，进行高温消毒。采用小高畦大小行覆膜栽培。大行距 110～120 厘米，小行距 70～75 厘米，株距30 厘米，每亩定植 2 000～2 500 株。

（3）定植　暗水定植，深度以露出嫁接口或没过土坨 1～2厘米（自根苗）为宜。

（4）定植后管理

温度管理：缓苗期间基本不通风，温室温度保持在 30～

35℃，夜间不低于 15℃。白天温度超过 35℃时可于中午通小风。缓苗后开始通风，白天温度控制在 25～28℃，夜间 12～15℃，低温保持在 14℃以上。结果期白天 28℃时通风，24℃关闭，浇水后温度达到 30℃时再通风，夜温控制在 13～17℃。管理中若室内温度低于 10℃，应采取增温措施，如加盖草苫、点明火等。此外，也可喷施抗寒剂，用法为每 100 毫克抗寒剂对水 10～15 升，在缓苗期、花和幼果期各喷 1～2 次。

光照管理：苦瓜冬春茬栽培经常出现低温寡照，要加强棚室光照管理。为了延长光照时间和加大进光量，在温度条件许可的情况下，早晨尽早揭开草苫，下午晚些盖草苫，每天揭开草苫后清扫棚膜。阴雨、下雪天也要揭开几条草苫，让散射光进入棚室。冬春茬栽培时，缺乏经验的菜农在低温阴雨天气往往只顾保温，5～7 天不揭温室草苫，天气转晴后，拉开草苫时则全部死秧的现象屡见不鲜。有条件的温室可以进行人工补光，温室内吊挂灯泡或碘钨灯，每隔 8～10 米吊 1 盏，可减少阴雨天化瓜。

水肥管理：在低温时期应适当控制肥水，只要保证行间湿润，多施迟效农家肥，适当追施速效肥，增施钾肥，以提高抗寒和抗病能力。在温度回升比较稳定后，就应保证充足的肥水，以满足植株生长和开花结果的需要。前期生长弱，生长量小，在施足基肥的情况下可不追肥。田间管理以中耕松土、保墒提温为主。进入开花结瓜期，需肥量迅速增加，可在现蕾、开花结实和采收始期分别进行追肥，每亩可施用复合肥 25 千克。在结果盛期至采收期要勤施重施追肥，每亩施复合肥 10～15 千克。在初期适当控制浇水次数，浇水要选晴天的上午，结合追肥进行。进入结果盛期后，外界气温已升高，此时可结合追肥每 10 天左右浇一次水。遇阴天或特别冷的天气不能浇水。

日光温室冬春茬苦瓜进入生长后期后，即到 4～5 月份，外界气温开始逐渐增高，其他环境条件也已能满足苦瓜结瓜，即可开始逐渐去掉棚膜、地膜等覆盖物。苦瓜的生长势极强，这一季节栽培直到 7～8 月份的高温季节仍能生长良好，并开花结果，只要没有别的茬口安排，仍可继续加强肥水管理，促进生长结瓜。一般也不再整枝，只要及时摘除老叶、病叶，保证通风透光即可。

支架绑蔓整枝：苦瓜主蔓长，侧蔓繁茂，如果侧蔓任其生长，会消耗大量营养，妨碍主蔓正常生长和开花结果。待主蔓长至 40～50 厘米时应及时进行整枝吊蔓。其具体做法是：先顺行设置吊蔓铁丝（14 号铁丝），之后东西向拉紧吊蔓铁丝，按定植株距每株拴一条尼龙绳，用于吊挂苦瓜茎蔓的基部。吊蔓要选择在晴天中午前后进行，并把侧蔓全部摘除。结果后期可留几条侧蔓，以增加后期产量。在生长过程中，及时摘除老叶、病叶、黄叶，通风透光，增加光合作用。另外，也可采用吊蔓落蔓的整枝栽培方法，主要利用主蔓结瓜，可适当增加种植密度，也是用塑料绳吊蔓，及时摘除侧枝，随着苦瓜采收和茎蔓生长及时落蔓，并去掉下部老叶。整枝过程中适当留侧枝结瓜，侧枝见瓜后即当节打顶摘心。苦瓜蔓细，要及时绑蔓，每 30 厘米左右绑一次。开始绑蔓可采用 S 形上升方式，以便压低瓜位。在绑蔓过程中，除摘除不必要的侧枝外，还应注意及时摘除卷须和多余的雄花，以减少营养消耗。中后期要摘除下部黄叶和病叶，以利于通风透光，提高光合效率。

人工授粉：苦瓜为雌雄同株异花，虫媒花，单性结实能力差，而温室内通风不良，空气相对湿度大，且昆虫少，不利于花粉传播、雌花授粉，影响坐果及果实发育。所以，生产中必须采取放蜂或人工辅助授粉，以提高坐果率和瓜条的商品性。人工授粉要选择在晴天上午 9 时前进行。应选择当天开放的雄花和雌花，授粉时先摘除雄花，去除花冠，将花药轻轻地涂在雌花的柱头上即可。

2. 日光温室早春茬苦瓜栽培　日光温室早春茬苦瓜是指于严寒冬季在温室中用温床育苗，苗龄较大，结果期处于光照好、温度适宜的春夏之间。

(1) 品种选择 选择耐低温、弱光、生长势好、结果性强、高产早熟或早中熟品种，如农友 2 号、长白苦瓜、长绿苦瓜等。

(2) 育苗 播种期一般在 12 月下旬至翌年 1 月上中旬，2 月中旬前后定植，4～7 月份收获。

(3) 整地、施肥、定植 同冬春茬苦瓜。早春茬苦瓜一般结合地膜覆盖，采用高畦或小高垄膜下滴灌。定植应选晴天上午进行。定植初期可采用小拱棚覆盖，以提高温度，防止低温伤害。

(4) 定植后管理 可参考以上"日光温室冬春茬苦瓜栽培"相关内容。

3. 日光温室秋冬茬苦瓜栽培 日光温室秋冬茬苦瓜一般于夏末、初秋播种，上市时间主要集中在 10～12 月，进入 12 月份以后，气温开始下降时，植株开始老化，结果数量下降，果实长得慢，可采取推迟采收，果实在植株上吊挂贮藏（即活体贮存），集中在元旦上市，能卖出好价格。

秋冬茬苦瓜前期处于高温高湿的不利环境条件，适于生长的时间较短，后期又转入低温阶段，因此本茬苦瓜栽培种要注意培育壮苗，定植后要利用有限的生长适宜条件形成较大的营养体和较高的产量，后期要加强保温等管理，以延长收获期。

(1) 品种选择 日光温室秋冬茬苦瓜必须选择既耐热又抗寒，生长势好，抗病力强，产量高，品质好的品种。我国目前尚无秋冬茬温室生产专用品种，只能在现有的保护地苦瓜品种中选用。根据生产实践，可选用穗新 1 号、夏丰苦瓜等品种。

(2) 播种定植

播种期：秋冬茬苦瓜植株生长的原则是在霜降前完成营养生长量的 90%，气温降低时进入结果期，一直收获到元旦前后。播种早了，在前期高温阶段植株生长快，结果早，进入低温后植株容易衰老，抗逆能力差，影响结瓜，产量低，效益不好；播种晚了，前期温度适宜时，植株生长量小，进入低温期时植株营养面积小，前期结瓜迟，总产量也很低。以北纬 40°为例，可于 7 月下旬播种，8 月中旬至下旬定植，结果期主要集中在 11～12 月份。北纬 40°以北地区应适当提早播种，以南地区可适当推迟播种。

整地施肥：每亩施入 5 000 千克腐熟有机肥。为防止苗期徒长，一般基肥中不施速效化肥。秋冬茬苦瓜采用高畦或小高垄栽培。行距为大行 80 厘米，小行 60 厘米，株距 32 厘米。

定植：育苗期不能太长，一般为 20 天左右，幼苗具 2～3 片真叶即可定植。定植宜在阴天或傍晚进行。

（3）定植后管理

控制植株徒长：秋冬茬苦瓜前期温度比较适宜，在高温强光的条件下，主蔓生长很快，多数品种在秋冬茬栽培时很少发生侧蔓，主蔓生长很快，若不采取有效的控制措施，容易出现主蔓徒长，推迟结瓜时间。管理上要控制浇水、追肥。

早打顶：秋冬茬苦瓜由于育苗期间高温长日照，主蔓雌花分化少，节位高，结瓜迟，结瓜少。为了提早结瓜，要早打顶，促进侧蔓萌发。一般在植株生长达 25 片叶前后打顶，侧蔓留 1～2 个雌花和 2～3 片叶后打头，15 天左右开花结瓜。

肥水管理：定植后 3～4 天浇一次缓苗水。苦瓜根系喜湿不耐涝，每次浇水量不宜太大。根瓜坐住后开始追肥，每亩追硝酸铵 15～20 千克。进入结果期，根据外界气温和光照情况，结合植株生长势进行浇水。晴天温度高，通风量大，适当勤浇水；外界气温低，光照弱，阴天多时尽量不浇水或少浇水。结果期间再追第二次肥，数量可比第一次适当增加。进入后期停止追肥，浇水次数也应减少。

及时扣棚膜：根据外界气温变化情况，一般在降温前及时扣棚。扣棚的温度指标是连续几个早晨最低温度在 8℃左右时及时进行。注意扣棚膜后温度只能缓慢提高，不能很快把棚膜封严，白天大量通风，夜间盖住通风口，让植株对棚室环境有一段适应的过程。

整枝：苦瓜植株开始爬蔓即株高 35～40 厘米时，及时支架和吊蔓。出现第一朵雌花时整枝，留 2～3 个侧枝，及时摘除根瓜，保持隔 2～4 节留瓜 1 个，中后期剪除老叶、无瓜蔓及细弱枝。

采收：秋冬茬苦瓜生产期内的气候特点是气温一天比一天低，植株生长速度一天比一天慢，市场苦瓜的价格是一天天上涨。根据这个规律，秋冬茬苦瓜的采收适期向后推延，特别在气温较低时推迟采收，让苦瓜植株上每留 2～3 个商品瓜，利用植株活体挂棵贮存，可在元旦或春节前后集中采收上市。

4. 塑料薄膜大棚春早熟栽培　塑料薄膜大棚是利用竹木、钢筋、钢管、水泥等为骨架材料，上面覆盖塑料薄膜而成。一般棚高 2～2.5 米，宽 6～15 米，长 40 米左右，占面积 0.5～1 亩，方向以南北向为宜。

(1) 塑料大棚的环境条件

温度：大棚的增温效果随外界日温和季节气温的变化而改变，一般晴天或外界气温高时则增温明显，而阴雨天或外界气温低时则增温效果差。

湿度：薄膜的透气性差，棚内常出现高湿。一般棚温升高，相对湿度下降，棚温低则相对湿度高。低温、阴雨和夜间相对湿度常达到 90% 以上。棚内高湿度不利于苦瓜生长发育，病害时有发生。

光照：大棚的采光直接影响到气温、地温和苦瓜植株的光合作用，生产上用于覆盖的新膜透光率一般为 90%，生产中应尽量使用新膜。此外，在建棚时应减少管架等的遮阴损失，并经常保持棚膜清洁，以便棚内有足够的光照强度。

二氧化碳浓度：就大棚而言，日出前棚内二氧化碳浓度最高，日出后二氧化碳浓度因光合作用进行而迅速下降，在大棚密闭时，棚内二氧化碳浓度会很低，苦瓜植株的光合作用减弱甚至停止，使积累的养分减少，生长发育不良。生产过程中应及时通风换气（阴天也应考虑通风换气），以补充和调节棚内二氧化碳浓度。也可用增施基肥的方法。

（2）播种期 为充分发挥大棚的保温作用，大棚苦瓜应比露地栽培提早播种，但受早春低温的影响，定植后不易控制，播种时间也不宜过早。长江流域2月中旬播种，3月中旬定植，北方地区3月初播种，3月底4月初定植，华北地区一般选用早熟品种，于1月上旬播种育苗，苗期40天左右。

（3）育苗方法 塑料薄膜大棚早熟栽培的育苗方法可采用电热温床容器育苗。长江流域可在铺有电热线的薄膜中棚内育苗，北方地区则适宜采用铺有电热线的薄膜温室育苗。具体操作要点见"壮苗培育"一节。

（4）定植 一般要求大棚10厘米地温稳定在15℃时定植。长江中下游地区一般在3月上中旬定植，华北地区3月底定植，东北地区4月上中旬定植。

定植宜在晴天进行，定植前先在棚内的畦面上开好种植穴，然后在穴内施入腐熟饼肥、火烧土肥或充分腐熟的农家土杂肥，条件好的地方也可在定植前2～3天浇氨水等稀释液。由于大棚内的环境条件比露地优越，苦瓜在大棚内生长势较强，因此大棚内苦瓜可适当稀植，可作成60厘米和80厘米的大小垄或1.5米宽的高畦。定植密度为每垄1行或每畦2行，株距40厘米左右。

定植时从穴盘的孔穴中把苗挖出或把塑料钵脱掉，按规定好的株距单株摆苗，摆后稳坨，并浇透水。栽后第二天中午前后趁秧苗萎蔫时进行地膜覆盖，盖膜时先把膜的四周用土压上，再在秧苗上方划十字口把秧苗引出，地膜开口处用土封严。也可先覆地膜后栽苗。垄作时两小垄覆一副地膜。

（5）定植后的管理

温度管理及通风：大棚内定植后要严格保温，促进缓苗。定植后5～7天，基本上都要封膜，晚上四周也要加围草帘防寒保温，以促进苦瓜迅速生长新根。这段时间棚内温度白天保持在20～30℃，夜间保持在15℃以上。如棚温太低，需加强保温；如棚温过高，也不能立即大通风，只可逐渐进行换气。

幼苗成活后要及时通风锻炼，特别是棚内温度高于30℃时，通风势在必行，但要灵活掌握，逐步揭去裙膜，使棚内温度均匀，一般维持在25℃左右。定植30天后，对植株进行大锻炼，除了大风、下雨天之外，白天都要全部除去裙膜，或将棚顶薄膜适当拉开，晚上再覆盖，以后晚上也逐步将大棚围裙卸去。进入夏季，大棚塑料薄膜可全部揭去，若棚内温度不过高，棚顶塑料薄膜可以保留至采收结束，以防雨、反光、降温，减少植株病害。

肥水管理：大棚苦瓜定植时浇足定根水，成活后适当控制浇水，降低棚内湿度。为促进植株生长发育，定植1周后深中耕一次。当苦瓜开花时，每亩追施25千克三元素复合肥，之后每隔7～10天追肥一次。进入盛果期，除正常追施液肥外，可视情况点施复合肥和抽沟施腐熟饼肥1～2次，以促进挂果后果实发育。

整枝引蔓：同露地栽培一样，幼苗抽蔓时插架、绑蔓、整枝三项工作同时进行。采用吊绳引蔓，5～7天整枝一次，一般1米以下主蔓只选留1枝侧蔓，其余尽数除去，有利于集中营养，提高主蔓早期挂果的能力。

人工辅助授粉：早熟栽培的苦瓜，其开花结果期正处于气温低且不稳的季节，由于棚内风小，昆虫少，活动差，对苦瓜授粉不利从而授粉不良，易造成落花落果，即使坐果也会发育不良，产生畸形果，不仅严重影响前期产量和总产量，而且果实的商品性也不好。为保证果实发育良好，提高坐果率，增加产量，必须在每天上午7～8时进行人工授粉。具体方法是采下盛开的雌花，除去花冠，将花药抹在雌花的柱头上。

（6）采收　早熟苦瓜开花结果早，温度低，果实发育较慢，尤其根果商品成熟时间长，大棚苦瓜一般在4月下旬至5月上旬可采收上市。生产上大多提倡尽早采收根果，以免上部果实营养不良。其次，前期坐果的几批果实也不能采收过迟，只要达到一定质量即可采收上市，这样既可卖高价，也可提高中、后期产量。

5. 大棚苦瓜秋延后栽培 塑料大棚可用于早春茬栽培苦瓜，在长江流域及北方地区也可作为苦瓜秋延栽培的保护设施。大棚生产秋延苦瓜是让苦瓜先在棚架下生长，在早霜到来之前再覆盖保温，使其继续生长，延长采收时间。苦瓜秋延栽培使苦瓜在反季节上市，增加了冬春蔬菜品种。

（1）品种选择 宜选用耐热、抗寒、抗病的早熟品种，如草白苦瓜、89-3苦瓜、槟城苦瓜、大顶苦瓜等品种。

（2）播种期 长江流域地区大棚苦瓜秋延后栽培一般于7～8月播种，华北地区于7月中下旬播种，8月上中旬定植，9月上旬至11月中下旬采收上市。

（3）育苗 一般采用遮阴防雨棚方式播种育苗，苗龄15～20天，具2～3片真叶时定植。苗期苗床土壤要保持湿润，并及时防治蚜虫、白粉虱及其他病虫害，避免病毒病发生。

（4）定植 幼苗4～5片真叶时，选阴天或晴天的傍晚起苗定植。定植前作小高畦，畦宽1.6～1.7米。作畦前施足基肥，每亩施优质农家肥5 000千克、磷肥50千克。每畦栽2行，株距33～50厘米，每亩栽苗1 800～2 500株，栽后灌足水。

（5）田间管理 盖膜前，直播的苦瓜齐苗后立即浅、细中耕一次，子叶展开后，进行第二次中耕；定植苗成活后再中耕一次。前期高温，开花结果前需浇水4～5次，浇水后中耕。瓜苗抽蔓时搭架，注意大棚东西两侧的畦，架头均应低于大棚东西两侧的拱杆。肥水管理上要做到早管、早发，提高前期产量。盖膜后，各地气候变化不同，盖膜时间也不一样，长江流域9月中旬盖膜，北方地区8月中下旬盖膜。盖膜以后，棚内小气候形成，前期因外界仍维持较高温度，棚四周薄膜要揭起，棚膜可起到遮阴防雨的作用。9月下旬以后，外界夜间最低气温低于15℃，四周棚膜就须放下，以提高保温效果，防止低温障碍和霜降前后风大降温，但闭棚也要顺序进行，掌握先大通风，再逐渐减少通风量，直至夜间全封闭，使植株适应大棚环境。霜降以后，温度较低，人工辅助授粉可提高坐果率。

（6）采收 中后期气温下降，果实发育慢，应及时采收，以增加后期产量。

（四）病虫害防治

苦瓜茎叶中含有一种抗菌和抗虫成分，如几丁酶等，使苦瓜的病虫害很少，一般露地栽培不需或很少需要药物防治，但在设施栽培中，由于长期作业，生产中也会有一些病虫害发生。

1. 苦瓜病害及其防治

（1）褐斑病

症状：病斑近圆形或不规则形，直径4～12厘米，黄褐色，周围常有褪绿晕圈，严重时叶片干枯。高湿条件下，病斑上长出浅褐色霉状物。

发病规律：褐斑病由瓜类明针尾孢霉侵染引起。病原菌主要以菌丝体或分生孢子随病残体在土壤中越冬，成为田间发病的初侵染来源。分生孢子借风雨传播，环境条件合适时，被害叶片病斑上能产生大量分生孢子，重复侵染，扩展蔓延。

气候条件：田间开始发病的气温为20℃。气温在20～30℃，降雨次数多，或大雾重露，病害迅速蔓延。温度高于34℃和低于18℃，或久旱少雨，病害受到明显的抑制。

栽培管理：连年栽培苦瓜的地块发病重。连作时间越长，发病越重。排水不畅，浅畦或畦面高低不平，雨后易积水的地块发病重。肥力不足，或偏施氮肥、施未腐熟带有病残体的肥料，常发病重。

防治措施：①重病区实行2年以上轮作，同时注意田园清洁，及时清除病株残体。②加强栽培管理，选择地势较高、排水良好的地块；结合深耕和平整，施足底肥，增施磷钾肥；生长前期适当控制浇水，以促进根系发育；雨季注意排水，避免大水漫灌和田间积水。

药剂防治：发病初期第一次用药，然后根据气象条件和病情用药。降雨次数多、田间湿度大，病情发展快，隔7～10天用一次药。药剂可选用70％甲基托布津可湿性粉剂1 000倍液或75％百菌清可湿性粉剂1 000倍液、69％安克锰锌可湿性粉剂500～600倍液、70％代森锰锌湿性粉剂500倍液，喷雾，连续用药2～3次。

（2）霜霉病

症状：苗期、成株期均可发病。主要危害功能叶片，幼嫩叶片和老叶受害少。子叶被害初期呈褪绿色黄斑，扩大后变黄褐色，最后变成褐色，枯干而死。真叶染病，叶缘或叶背面出现水渍状病斑，病斑逐渐扩大，受叶脉限制，呈多角形淡褐色或黄褐色斑块，湿度大时叶背面或叶面长出灰黑色霉层，后期病斑破裂或连片，导致叶缘卷缩干枯。

发病规律：15～25℃、空气相对湿度高于85％，叶片均可受到侵染，且湿度越高，发生越严重。田间气温低于15℃或高于30℃发病受抑制。

防治措施：①加强抗病品种选育，因地制宜选用抗病品种。②培育壮苗，改进栽培技术；早春采用电热或温床育苗，定植要深沟高畦，选地势高、平坦、易排水地块。③生长前期适当控制浇水，结瓜时适当多浇水，但严禁大水漫灌。④植株适当稀植，增强通风透光。

药剂防治：棚室可选用烟雾法或粉尘法。粉尘法于发病初期傍晚用喷粉器喷洒5％白菌清粉尘剂，每亩每次1千克，隔10天一次。喷雾法是在发病初期用72.2％普力克可湿性粉剂800倍液或58％甲霜灵锰锌可湿性粉剂500倍液，每亩喷药液60～70千克，隔7～10天一次。

（3）猝倒病（卡脖子、绵腐病）

症状：苗期露出土表的胚茎基部或中部产生水渍状、浅黄绿色，后变成黄褐色，干枯缩为线状，往往子叶尚未凋萎，幼苗即出现猝倒。倒伏的幼苗在短期内仍保持绿色，以后变成褐枯色。地面潮湿时，病部密生白色绵状霉，轻者死苗，严重时幼苗成片死亡。

发病规律：猝倒病的病原为真菌中藻状菌的腐霉和疫霉菌。以卵孢子在土壤中越冬，由卵孢子和孢子囊从苗基部浸染发病。病菌在土壤中能存活一年以上。种子在出土前被浸染发病时，造成烂种。病菌生长适宜地温 15～16℃，发病适宜地温 10℃，育苗期出现低温、高湿条件，利于发病。育苗期遇阴雨或下雪，幼苗常发病。通常苗床管理不善、漏雨或灌水过多、保温不良，造成床内低温潮湿条件时，病害发展快。

防治措施：①选择地势高燥、水源方便，旱能灌、涝能排，前茬未种过瓜类蔬菜的地块做育苗床，床土要及早翻晒，施用的肥料要腐熟、均匀，床面要平，无大土粒，播种前早覆盖，提高床温到20℃以上。②培育壮苗，以提高植株抗性。③幼苗出土后进行中耕松土，特别在阴雨低温天气时要重视中耕，以减轻床内湿度，提高土温，促进根系生长。④连续阴雨后转晴时，应加强放风，中午可用席遮阴，以防烤苗或苗子萎蔫。如果发现有病株，要立即拔除烧毁，并在病穴撒石灰或草木灰消毒。⑤实行苗床轮作，用前茬为叶菜类的阳畦或苗床培育苦瓜苗。旧苗床或常发病的地畦，要换床土或改建新苗床，否则要进行床土消毒。方法是，按每平方米用托布津、苯来特或苯并咪唑 5 克，与 50 倍干细土拌匀，撒在床面上；也可用五氯硝基苯与福美双（或代森锌）各 25 克，掺在半潮细土 50 千克中拌成药土，在播种时下垫上盖，有一定保苗效果。

药剂防治：当幼苗已发病，为控制其蔓延，可用铜铵合剂防治，即用硫酸铜 1 份、碳酸铵 2 份，磨成粉末混合，放在密闭容器内封存 24 小时，每次取出铜铵合剂 50 克冲清水 12.5 升，喷洒床面。也可用硫酸铜粉 2 份、硫酸铵 15 份、石灰 3 份，混合后放在容器内密闭 24 小时，使用时每 50 克对水 20 升，喷洒畦面，每 7～10 天喷一次；也可用 50％甲基托布津 700 倍液与 90％乙磷铝 400 倍液，混合喷洒。

（4）疫病

症状：各期均可染病，可危害植株的每一部分。南方发生较多，任何部位均可染病，开始为水浸状暗绿色，产生黏稠状液，逐渐软腐，潮湿时表面长出稀疏白霉，迅速腐烂，发出腥臭味。

发病条件：苦瓜疫病的病原属真菌中的藻状菌，主要在土壤中或病株残体上越冬，苦瓜种子也能带菌，第二年育苗时直接侵染幼苗。病斑上的病菌通过浇水、雨溅、空气流动等传播蔓延。病原菌致病适温为 28～30℃。通常在 7～9 月间发生。前旱后雨或果实进入成长期浇大水，土壤含水量突然增高，容易引起发病。在低洼、排水不良、重茬地块发病严重，地爬苦瓜比架苦瓜发病严重。

防治措施：①选择地势高、排水良好的壤土或沙壤土地块栽培苦瓜。②实行三四年以上瓜菜或瓜粮轮作。③加强田间管理，多施有机肥，促进植株生长健壮，根深叶茂，提高抗性。在瓜长大后期用草或砖瓦类垫瓜或吊瓜，以免瓜直接接触地面。实行高垄（畦）栽培，雨季适当控制浇水，雨后及时排涝，做到雨过地干；遇干旱及时浇水，浇水时严禁大水漫灌，并应在晴天下午或傍晚进行。④消灭中心病株，平时注意观察，发现病株，立即拔除，病穴用石灰消毒，发现半熟病瓜及早上市。

药剂防治：发病前喷洒 1∶1∶250 倍的波尔多液，发病期间喷洒 75％百菌清 500 倍液或 80％代森锌 700 倍液，要求喷药周到、细致，所有叶片、果实及附近地面都要喷到，每隔 7～10 天喷一次，共喷 3～4 次。

（5）炭疽病

症状：主要发生在植株开始衰老的中后期，被害部位主要是叶、茎、果实。当叶片感病时，最初出现水浸状纺锤形或圆形斑点，叶片干枯成黑色，外围有紫黑色圈，似同心轮纹状。干枯时，病斑中央破裂，叶提前脱落。果实发病初期，表皮出现暗绿色油状斑点，病斑扩大后呈圆形或椭圆形凹陷，呈暗褐或黑褐色，当空气潮湿时，中部产生粉红色分生孢子，严重时致使全果收缩腐烂。

发病规律：病原属真菌中的半知菌，以菌丝体、拟菌核在土中病株残体或附着在种皮上越冬。种子带菌能直接侵入子叶，病斑上的分生孢子通过风、雨、昆虫传播，可直接侵入表皮细胞而发病。病菌生长适宜温度为 24℃，8℃ 以下、30℃ 以上停止生长。10～30℃ 均可发病，其中 24℃ 发病重。在适宜温度范围内，空气相对湿度越大，越易发生流行，相对湿度低于 54% 则不发病。在高温多雨季节，低洼、重茬、植株过密、生长弱的地块，发病重。

防治措施：①在无病健壮的植株上留种瓜。播种前进行种子消毒，可用 40% 福尔马林 100 倍液浸种 30 分钟，冲洗净后播种。②选择高燥肥沃的地块。用有机肥做底肥，并增施磷、钾肥，生长中期及时迫肥，严防脱肥，苗期发现病株应及早拔除。定植后注意摘除病叶、病果。拉秧后及时清洁田园，重病地块要实行三四年轮作。③收瓜时，特别是收种瓜时，要防止损伤果皮，以减少病菌侵染机会。贮放苦瓜的地方要保持阴凉、通风、干燥，以抑制病菌蔓延。④发病初期，随时摘除病叶，并用 80% 代森锌 800 倍液或 50% 托布津 1 000 倍液喷洒叶片，7～10 天喷一次，共喷 3～4 次即可。

（6）枯萎病（蔓割病、萎蔫病）

症状：主要危害苦瓜的根和根茎部。自幼苗到生长后期都能发病，尤以结瓜期发病最重。幼苗发病时，先在幼茎基部变黄褐色并收缩，然后子叶萎垂；成株发病时，茎基部水浸状腐烂缢缩，后发生纵裂，常流出胶质物，潮湿时病部长出粉红色霉状物（分生孢子），干缩后成麻花状。感病初期，表现为白天植株萎蔫，夜间又恢复正常，反复数天后全株萎蔫枯死。也有的在节基部及节间出现黄褐色条斑，叶片从下向上变黄干枯，切开病茎，可见到维管束变褐色或腐烂，这是菌丝体侵入维管束组织分泌毒素所致，常导致水分输送受阻，引起茎叶萎蔫，最后枯死。

发病规律：病原属真菌中的镰刀菌，以菌丝体、苗核、厚垣孢子在土壤中的病株残体上越冬。病菌生活力很强，能残存五六年，种子、粪肥也可带菌。一般病菌从幼根及根部、茎基部的伤口侵入，在维管束内繁殖蔓延。通过灌水、雨水和昆虫都能传病。病菌在 4～38℃ 之间都能生存，最适温度为 28～32℃，土温达到 24～32℃ 时发病很快。凡重茬、地势低洼、排水不良、施氮肥过多或肥料不腐熟、土壤酸性的地块，病害均重。病菌在土壤中能够存活 10 年以上。

防治措施：①严格实行三四年以上轮作，注意选择地势高、排水良好的地块种。②选用抗病品种，采种时从无病植株上留种瓜。③播种前严格种子消毒，一般可用 40% 福尔马林 100 倍液浸种 30 分钟，或用 50% 多菌灵 1 500 倍液浸种 1 小时，然后取出用清水冲洗干净液后催芽播种。④高垄栽培，多施磷、钾肥，少施氮肥，用充分腐熟的有机肥作底肥。发病期间适当减少浇水次数，严禁大水漫灌，雨后及时排水。⑤发现病株连根带土铲除销毁，并撒石灰于病穴，防止扩散蔓延。

药剂防治：发病初期用 70% 托布津 1 500 倍液或多菌灵 1 000 倍液浇灌植株根际土壤，每株 300 毫升左右。

（7）白粉病（白毛）

症状：主要发生于叶片、叶柄，茎部也可发病。先在植株下部叶片正面或背面长出小圆形粉状霉斑，发病初期粉斑较薄，不易发觉，逐渐扩大、厚密，不久连成一片。发病后期使整片叶布满白粉，后变灰白色，最后整个叶片变成黄褐色干枯。病害多从中下部叶片开始，以后逐渐向上部叶片蔓延。

发病规律：该病为真菌单丝壳属侵染所致。本菌为专性寄生菌，只能在活体上进行寄生生活。除危害瓜类蔬菜外，还可危害豆类蔬菜和多种草本和观赏植物。该病在田间流行的温度为16～24℃。对湿度的适应范围广，45%～75%发病快，湿度超过95%显著抑制病情发展。一般在雨量偏少的年份发病较重。遇到连阴天、闷热天气时病害发展迅速。在植株长势弱或徒长的情况下，也容易发生白粉病。

防治措施：①选用抗病品种。不同品种对白粉病的抗性不同，一般早熟品种抗性弱，中晚熟品种抗性较强。②加强栽培管理。要重视培育壮苗，合理密植，及时整枝打叶，改善通风透光条件，使植株生长健壮，提高抗病能力。底肥需增施磷、钾肥，生长期间避免氮肥过量使用。

药剂防治：可用15%粉锈宁可湿性粉剂或20%粉锈宁乳油2 000～3 000倍液、50%多菌灵可湿性粉剂500倍液、25%灭螨锰2 000倍液、可湿性硫黄粉300倍液、75%百菌清可湿性粉剂600～800倍液喷雾；在保护地中用百菌清烟剂熏烟，兼治霜霉病和白粉病。喷药时要注意中下部老叶和叶背处喷洒均匀。发病初期，每隔7～10天喷一次，连续2～3次，可达到较好的防治效果。

（8）病毒病（花叶病）

症状：主要侵害植株叶片和生长点。病状表现分为花叶型、皱缩型和混合型。花叶型最为常见，染病初期幼叶呈浓淡不匀的镶嵌花斑，严重时叶片皱缩、变形，果实畸形或不结瓜。发病早的能引起全株萎蔫。

发病规律：病原为黄瓜花叶病毒和甜瓜花叶病毒。病毒由蚜虫、蜜蜂、蝴蝶等昆虫以及人工摘花、摘果、整枝、绑蔓等田间作业传播，种子也能传染。高温、强日光、天旱有利于病害发生。

防治措施：①选用抗病品种。从无病株上留种，播种前进行种子消毒。②拔除病株。若发现有蚜虫，要及时喷施 10%吡虫啉 3 000 倍液喷洒；3～5 年的轮作田，消灭田间寄主杂草，发现病株立即拔除烧毁。③苗期注意防治蚜虫和温室白粉虱。治蚜可用 2.5%溴氰菊酯乳油 1 500 倍液或 40%氧化乐果乳剂 1 000 倍液喷洒，重点喷叶背和生长点部位。

（9）斑点病

症状：主要危害叶片，叶片初现近圆形褐色小斑，后扩大为椭圆形至不定形，转呈灰褐至灰白色，严重时病斑汇合，致叶片局部干枯。潮湿时斑面现小黑点即病原菌分生孢子器，斑面常易破裂或成穿孔。

发病条件：以菌丝体和分生孢于器随病残体遗落土中越冬，在南方温暖地区周年都有苦瓜种植，病菌越冬期不明显。分生孢子借雨水溅射辗转传播，进行初侵染和再侵染，高温多湿天气有利本病发生，植地连作或低洼郁蔽，或偏施、过施氮肥发病重。

防治措施：①在重病区避免连作，注意田间卫生和清构排渍。②避免偏施、过施氮肥，适当增施磷、钾肥，在生长期定期喷施植宝素或喷施宝等，促植株早生快发，减轻危害。③结合防治苦瓜炭疽病喷洒 70%甲基硫菌灵（甲基托布津）可湿性粉剂 800 倍液，加 75%百菌清可湿性粉剂 800 倍液或 40%多硫悬浮剂 500 倍液。④合理密植，摘除多余侧枝，打去下部老黄叶，有利于通风透光，减少发病。

（10）白绢病

症状：全株枯萎，茎基缠绕白色菌索或菜籽状茶褐色小核菌，患部变褐腐烂。土表可见大量白色菌索和茶褐色菌核。

发病条件：病菌以菌核或菌索随病残体遗落土中越冬，翌年条件适宜时，菌核或菌索产生菌丝进行初侵染，病株产生的绢丝状菌丝延伸接触邻近植株或菌核借水流传播进行再侵染，使病害传播蔓延，连作或土质黏重以及地势低洼、高温多湿年份或季节发病重。

防治措施：①重病地避免连作。②及时检查，发现病株及时拔除、烧毁，病穴及其邻近植株淋灌 5％井冈霉素水剂 1 000～1 600 倍液或 50％田安水剂 500～600 倍液、20％甲基立枯磷乳油 1 000 倍液、90％敌克松可湿性粉剂 500 倍液，每株（穴）淋灌 0.4～0.5 千克；也可用 40％五氯硝基苯加细沙配成 1∶100 倍药土混入病土，每穴 100～150 克，隔 10～15 天一次。③用培养好的哈茨木霉 0.4～0.45 千克，加 50 千克细土，混匀后撒覆在病株基部，能有效控制该病扩展。

（11）灰霉病

症状：主要危害果和花，茎、叶也可发病。病菌多从开败的花瓣处浸入，病花腐烂变软，并产生灰色霉层。随后由病花向幼瓜扩展，使病瓜初期顶尖褪绿，呈水渍状软腐，枯萎病部生出霉层。叶片一般由脱落的烂花或病须附着在叶面上引起发病，产生大圆形枯死斑，病斑 22～45 毫米，边缘明显。烂瓜、烂花附着在茎上，能引起茎部腐烂，严重的茎蔓折断，整株死亡。

发病条件：由半知菌亚门灰葡萄孢菌浸染所致。病菌主要以菌丝或分生孢子及菌核在土壤种越冬，次年适宜条件下浸染苦瓜。在冬春季可在棚室多种蔬菜上发病。病菌靠气流、水溅及农事操作传播蔓延。发病最适宜温度为 23℃，最适宜湿度为 90％以上，且持续高温。棚室保温性能差、棚内湿度大、放风大、植株生长弱，均发病重。

防治措施：①及时摘除病叶、病花、病果及黄叶，以利通风透光，并适当控制浇水。②药剂防治可用 50％速克灵可湿性粉剂 2 000 倍液或 50％克菌丹可湿性粉剂 1 000 倍液，每 7 天喷洒一次，连喷 2～3 次；保护地还可用 45％百菌清烟剂，每亩每次 250 克，晚上熏 3～4 小时。

（12）线虫病

症状：主要发生在苦瓜根部，以侧根和须根为多。根形成很多近球形瘤状物，似念珠状相互连接，初期表面白色，后期变褐色或黑色，地上部表现萎缩或黄化，天气干燥时易萎蔫或枯萎。

发病规律：成虫或卵在病组织或幼虫在土壤里过冬，翌年由根部侵入。病土和病肥是发病的主要来源。以沙土和沙壤土为主，线虫发育适温 25～30℃，幼虫遇 10℃ 低温即失去生活能力，48～60℃ 经 5 分钟致死，在土中存活 1 年，2 年即全部死亡。

防治措施：①实行 2 年以上轮作，最好实行水旱轮作。②深翻土地，把在表土中的虫瘿翻入深层，减少虫源，同时增施充分腐熟的有机肥。③收获后及时清除病残根，深埋或烧毁。④在播种或定植时，穴施 10% 力满库颗粒，每亩 5 千克，或 5% 力满库颗粒，每亩 10 千克。

（13）细菌性角斑病

症状：主要危害叶片，也可危害茎和果实，全生育期都可发生。叶片发病，初生针尖大小的水渍状斑点，扩大时受叶脉限制呈多角形灰褐斑，易穿孔或破裂。茎部发病，呈水渍状浅黄褐色条斑，后期易纵裂，湿度大时分泌出乳白色菌脓。果实发病，初呈水渍状小圆点，迅速扩展，小病斑融合成大斑；果实软化腐烂，湿度大时瓜皮破损，全瓜腐败脱落。有时病菌表面产生灰白色菌液，干燥条件下，病部坏死下陷，病瓜畸形干腐。

发病条件：该病由丁香假单胞杆菌黄瓜角斑病致病变种侵染所致，属细菌病害。病菌随病残体在土壤中或在种子上越冬。若播种带菌种子，病种萌发侵染子叶引起幼苗发病。病残体上的病原菌可借雨水或灌溉水传播，侵染瓜秧下部叶片或瓜条引起发病。发病后，病部溢出菌脓，借风雨、浇水、叶面结露和叶缘吐水飞溅传播，媒体昆虫、农事操作也可传播。病菌经气孔、水孔或伤口侵入，引起反复再侵染。棚室内空气相对湿度 90% 以上，温度 24～28℃ 时会引发该病。重茬田、种植过密、通风不良、排水不畅、管理粗放等均会加重发病。

防治措施：①种子处理。从无病田选取无病的种子；对可能带菌种子，可用 40％福尔马林 150 倍液浸种 1.5 小时，或用农用硫酸链霉素、氯霉素 500 倍液浸种 2 小时，用清水洗净后催芽播种，也可用种子重量 0.4％的 47％加瑞农可湿性粉剂拌种。②与非瓜类作物轮作 2～3 年，采用高畦地膜覆盖栽培，适时放风排湿，避免田间积水和漫灌，收获后清洁田园。

药剂防治：①发病初期，棚室可选用 5％加瑞农粉尘剂或 5％脂铜粉尘剂喷粉，每亩用药 1 千克，隔 7～10 天一次，连续或与其他方法交替使用 2～3 次。②发病初期，喷洒 47％加瑞农可湿性粉剂 800 倍液或 72％农用硫酸链霉素 4 000 倍液、50％琥胶肥酸铜可湿性粉剂 500 倍液、新植霉素可湿性粉剂 4 000 倍液，隔 7～10 天一次，连续 3 次。③发病初期也可用 30％DT 杀菌剂 500 倍液或农用链霉素喷洒。

2. 苦瓜虫害及其防治

（1）瓜蚜（棉蚜、蜜虫、油虫、油汗等）　寄主种类很多，主要危害温室、大棚多种瓜类及茄科、豆科、菊科、十字花科等多种蔬菜。以卵在越冬寄主或以成蚜、若蚜在温室内蔬菜上越冬或继续繁殖。春季气温达 6℃以上开始活动，繁殖适温为 16～20℃，北方超过 25℃、南方超过 27℃、相对湿度 75％以上，不利于瓜蚜繁殖。瓜蚜除吸食植物汁液造成危害外，还可传播多种病毒病。

干母体长 1.6 毫米，宽约 1.1 毫米。无翅，全茶褐色。触角 5 节，约为体长一半。无翅胎生雌蚜体长 1.5～1.9 毫米，宽约 0.65～0.85 毫米，夏季黄绿色，春秋季墨绿色至蓝褐色。体背有斑纹，腹管、尾片均为灰黑至黑色。全体被有蜡粉。腹管长圆筒形，具瓦纹。尾片圆锥形，近中部收缩，具刚毛 447 根。有翅胎生雌蚜体长 1.2～1.9 毫米，宽 0.45～0.68 毫米。体黄色或浅绿色。前胸背板黑色，夏季虫体腹部多为淡黄绿色。春、秋季多为蓝黑色，背面两侧有 3～4 对黑斑。腹部圆筒形，黑色，表面具瓦纹。尾片与无翅胎生雌蚜相同。卵长 0.49～

0.69毫米，宽0.23～0.36毫米，椭圆形，初产时黄绿色，后变为深褐色或黑色，具光泽。无翅若蚜共4龄，末龄若蚜体长1.63毫米，宽0.89毫米，夏季体黄色或黄绿色，春、秋季蓝灰色，复眼红色。有翅若蚜4龄，第三龄若蚜出现翅芽，翅芽后半部灰黄色。

防治方法：①清洁田园及其附近的杂草，减少瓜蚜来源。②尽量少用农药，以保护食蚜蝇、瓢虫、蜘蛛、蚜茧蜂等天敌，控制瓜蚜危害，可收到长久效果。③药剂防治可用22%敌敌畏烟剂每亩0.5千克，或灭蚜宁每亩0.4千克，分放4～5堆，用暗火点燃，闭棚熏烟3～4小时。也可用10%吡虫淋可湿性粉剂1 000倍液或50%灭蚜松乳油1 000倍液、2.5%功夫乳油3 000倍液、20%速灭杀丁乳油3 000倍液、2.5%天王星乳油3 000僻液、5%鱼藤精乳油500倍液喷雾。喷洒时应注意使喷嘴对准叶背，将药液尽可能喷到瓜蚜体上。为避免瓜蚜产生抗药性，应轮换使用不同类型的农药。

（2）温室白粉虱（温室粉虱、小蛾子、小白蛾）　温室白粉虱主要以成虫和若虫群集在叶片背面吸食植物汁液，使叶片褪绿变黄、萎蔫甚至枯死，影响作物正常生长发育。同时，成虫所分泌的大量蜜露堆积于叶面及果实上，引起煤污病发生，严重影响光合作用和呼吸作用，降低作物的产量和品质。此外，该虫还能传播某些病毒病。温室白粉虱的寄主植物很多。单蔬菜、花卉、农作物就有200多种。在蔬菜上主要危害黄瓜、番茄、茄子、辣椒、西瓜、冬瓜、甘蓝、白菜、豇豆、扁豆、莴苣、芹菜等。冬季温室作物上的白粉虱，春天气温升高后，以成虫迁飞到露地菜田危害，先点片发生，以后逐渐扩大蔓延。成虫活动最适温度为25～28℃，温度在38℃以上时活动能力下降。秋季气温降低后，则白粉虱又转移到保护地温室中，以致周年发生。

成虫体长约0.8～1.4毫米，淡黄白色到白色，雌雄均有翅，翅面覆有白色蜡粉，雌成虫停息时两翅合平坦，雄虫则稍向上翘成屋脊状。卵长椭圆形，长径 0.2～0.25 毫米，初产时淡黄色，以后逐渐转变为黑褐色，卵有柄，产于叶背面。若虫长卵圆形，扁平，1 龄体长 0.29 毫米，2 龄 0.38 毫米，3 龄 0.52 毫米，淡绿色，半透明，在体表上被有长短不齐的丝状突起。蛹即 4 龄若虫，体长 0.7～0.8 毫米，椭圆形，乳白色或淡黄色，背面通常生有 8 对长短不齐的蜡质丝状突起。

防治方法：①培育无虫苗。定植前对温室、苗木进行消毒，每亩温室用 80％敌敌畏 0.4～0.6 千克熏杀，或用 40％氧化乐果乳油 1 000 倍液喷雾。②合理布局。在棚室附近的露地避免栽植瓜类、茄果类、菜豆类等白粉虱易寄生、发生严重的蔬菜，提倡种植白粉虱不喜食的十字花科蔬菜。棚室内避免黄瓜、番茄、菜豆等混栽，防止白粉虱相互传播，加重危害和增加防治难度。③在棚室通风口密封尼龙纱，控制外来虫源。虫害发生时，结合整枝打杈，摘除带虫老叶，携出棚外埋灭或烧毁。④利用温室白粉虱趋黄习性，在白粉虱发生初期，将涂有机油的黄色板置于棚室内，高出蔬菜植株，诱粉虱成虫。⑤棚室内白粉虱发生 0.5～1 头/株时，可释放丽蚜小蜂"黑蛹"，每株 3～5 头，每隔 10 天左右放一次，共释放 3～4 次，寄生率可达 75％以上，控制白粉虱的效果较好。⑥烟雾法。每亩温室用 22％敌敌畏烟剂 0.5 千克，于傍晚闭棚熏烟，或每亩用 80％敌敌畏乳油 0.4～0.5 千克，浇洒在锯木屑等载体上，再加几块烧红的煤球熏烟。⑦喷雾法。可用 10％扑虱灵乳油 1 000 倍液或 10％吡虫啉可湿性粉剂 1 000 倍液、2.5％天王星乳油 2 000 倍液、2.5％功夫乳油 3 000 倍液、20％灭扫利乳油 2 000 倍液、40％乐果乳油 1 000 倍液、80％敌敌畏乳油 1 000 倍液、25％灭蜗猛乳油 1 000 倍液，隔5～7 天喷洒一次，连续用药 3～4 次。

（3）黄守瓜 在瓜类蔬菜上常见的守瓜类害虫有 4 种，即黄足黄守瓜、黄足黑守瓜、黑足黄守瓜、黑足黑守瓜。均属鞘翅目叶甲科，其中棚室栽培中最主要的守瓜类害虫是黄足黄守瓜，又名黄虫、瓜守、黄守瓜等。该虫分布广，几乎各省均有发生。

黄足黄守瓜在华北及长江流域一年发生1代，部分地区发生2代，华南地区一年发生3代，以成虫在地面杂草丛中群集越冬。在北方棚室保护地瓜菜与露地瓜菜栽培茬相衔接或交替、全年栽培瓜类蔬菜的地区，黄守瓜于棚室保护地转移露地，或从露地转入棚室保护地，可一年发生2代，甚至冬暖大棚内出现3代幼虫。

防治方法：①阻隔成虫产卵。采用全田地膜覆盖栽培，在瓜苗茎基周围地面撒布草木灰、麦芒、麦秆、木屑等，以阻止成虫在瓜苗根部产卵。②适当间作套种。瓜类蔬菜与十字花科蔬菜、莴苣、芹菜等蔬菜套种间作，瓜苗期适当种植一些高秆作物。③药剂防治。瓜类蔬菜对不少药剂比较敏感，易产生药害，尤其苗期抗药力弱，可选用适当药剂防治，但应严格掌握施药浓度。防治成虫可用90%晶体敌百虫1 000倍液或80%敌敌畏乳油1 000倍液、50%辛硫磷乳油1 000倍液、50%马拉松乳油1 000乳液、2.5%溴氰菊酯乳油3 000倍液、10%氯氰菊酯乳油3 000倍液喷雾；防治幼虫可用50%辛硫磷乳油1 000倍液或90%晶体敌百虫1 000倍液、5%鱼藤精乳油500倍液、烟草浸出液30～40倍液灌根，可杀死土中幼虫。

(4) 苦瓜绢螟（瓜螟、瓜野螟） 以老熟幼虫或蛹在枯叶或表土越冬，翌年4月底羽化，5月份幼虫开始危害植物，7～9月份发生数量多，11月份后进入越冬期。幼虫初期在叶背啃食叶肉，呈灰白斑，三龄后吐丝将叶或嫩梢缀合，匿居其中取食，使叶片穿孔或缺刻，严重危害时只留叶脉。幼虫常蛀入瓜内，取食瓜肉，影响产量及品质。

防治方法：①清除田园残株败叶，消灭越冬蛹减少虫源。②幼虫发生初期及时摘除卷叶，消灭幼虫。③幼虫期可用20%氰戊菊酯3 000倍液或50%马拉硫磷1 000倍液喷洒植株，防效高。

（5）瓜实蝇（小实蝇、瓜大实蝇、针锋、瓜咀） 瓜实蝇属双翅目实蝇科害虫，主要以幼虫危害。首先成虫以产卵管刺入幼瓜表皮内产卵，幼虫孵化后钻进瓜肉取食，受害瓜先局部变黄，后全瓜腐烂变臭，使植株大量落瓜。即使瓜不腐烂时，刺伤处凝结着流胶，畸形下陷，果皮硬化，瓜味苦涩品质下降。

防治方法：①成虫盛发期用毒饵诱杀，幼瓜套纸袋保护，以防成虫产卵；摘除被害瓜销毁。②可用50％敌敌畏乳油1 000倍液，中和2.5％溴氰菊酯3 000倍液喷洒植株，隔3～5日一次，连喷2～3次，防治成虫有良效。

（6）小地老虎（地蚕、土蚕、黑土蚕） 主要以初孵化的幼虫群集在瓜苗心叶和幼嫩根茎部昼夜危害，将叶吃成小孔或缺刻，或将嫩茎咬断，造成缺苗断垄。幼虫3龄以后食量剧增，危害更为严重。一般白天潜入表土，夜间出来活动，尤其在天刚亮的清晨露水多时危害最凶，重者毁种重播。小地老虎以蛹或成熟幼虫在土中越冬，一年可发生3～4代。成虫有喜欢吃糖蜜、飞扑黑光灯的习性。一般白天藏在土缝、草丛等阴暗处，夜间出来飞翔、取食、交尾。雌蛾多在土块下或杂草上产卵。卵为散产或成块，一般每头可产卵800粒左右。幼虫期共6龄。在土壤黏重、低洼、潮湿，特别是耕作粗放、草荒严重的地块，均有利于小地老虎滋生。

防治措施：①勤中耕清除杂草，早春特别是夏季高温多雨、杂草丛生，要及时铲除田间及其附近野草，以消灭小地老虎的产卵场所和食料来源。②瓜地实行冬耕晒垡或前茬作物收完后深翻，可冻死或探埋一部分蛹和幼虫，以减轻危害。③人工捕捉。发现瓜苗被咬断或缺苗时，轻轻扒开被害株附近表土，捕捉幼虫，连续捕捉数天，效果很好。但因已被咬断，是消极办法。④用1∶1糖醋液加适量速灭杀丁药液，或装专用黑光灯，诱杀成虫。

四、苦瓜采收、分级包装及贮藏保鲜

1. 采收

（1）采收成熟度和采收期　一般来说，确定苦瓜采收期的主要依据是其成熟度。苦瓜采收的成熟度要根据其生物学特性、品种特性与采收后的用途、销售市场远近、加工贮运条件等综合因素来决定。采收过早，不仅果实大小，重量达不到最大程度，影响产量和收益，而且果实内部营养物质积累不足，达不到最佳品质要求。采收过晚，果实已进入生理衰老阶段，容易后熟，既不耐贮运，也不宜加工，食用和商品价值变低。只有适时采收，才能获得品质好、耐贮运的苦瓜。

用于贮运的苦瓜，适宜采收期可按从开花到采收的时间来决定，也可按瓜表特征来确定。就时间而言，贮运的苦瓜可比就地直接销售的提前 2 天采收。一般开花后，如果白天温度在 20～30℃，需 15 天左右采收；如果白天温度在 30℃ 以上，只需 10 天就可以采收。从苦瓜果实的外部特征（果色、果长、果径等）来确定其适宜的采收期，一般当果实充分长大，基本达到该品种的果长、果径和单果重，果表瘤状突起明显，果顶部刚表现有光泽时，便达到合适的采收成熟度。

（2）采收时间和方法　用于贮运的苦瓜，应选择在晴天的早晚采收，避免雨天和正午采收。一般在早上 7～9 时露水干后进行。采收时尽量减少人为损伤，采收人员事先应剪齐指甲或戴手套，轻拿轻放，可用剪刀将果实从国柄上剪下，只保留 1 厘米长果柄；采收顺序由表及里，自下而上。同时，要根据市场销售，做到有计划地采收。

2. 分级包装

（1）分级　依据产品的用途及规格，在原料产品中选出合格果进行包装成件，剔除形状、大小、重量、色泽等达不到要求的果实，包括病果、腐烂果和伤果；按照不同分类标准将合格果分为不同等级，分别包装成件。

（2）包装　果蔬作为新鲜产品供应市场，应该用一定的材料制成适当的装盛容器，使其保持良好的商品状态、品质和食用价值。原则上要牢固、经济、适用、美观。现在长途运输和外销的苦瓜均以厚纸单果包装后再装箱，苦瓜不耐压，装3～4层为宜，一箱20～25千克为好。

3. 贮藏保鲜　苦瓜产品从采后到上市销售这一段时间，采用适宜的贮藏方式可以抑制微生物的活动并延缓衰老，最大限度保持产品本身的耐贮性和抗病性。各地可根据贮藏时间的长短和设备条件等因地制宜选择适合的方式。

主要有地窖与通风库短期贮藏、冷库贮藏、气调贮藏3种方式。

（1）地窖与通风库短期贮藏　温度可控制在15℃左右，空气相对湿度控制在80%～85%，贮藏过程中可随检随卖。

（2）冷库贮藏　如果要贮藏较长时间，可选择冷库贮藏。将经过预冷处理的苦瓜果实装入经漂白粉洗涤消毒后的竹筐或塑料筐中，放入采用机械制冷的冷库中贮藏，库温控制在10～13℃，空气相对湿度为85%左右。

（3）气调贮藏　即改变贮藏产品周围的大气组成，适当提高二氧化碳的浓度，降低氧气的浓度，并使这两种气体的比例维持在一个较稳定的范围内的一种先进的贮藏方法。气调贮藏与机械冷藏相结合，可同时控制温度、湿度、气体成分等环境因素，是当前最先进的贮藏技术。气调贮藏也可在常温下进行。苦瓜气调贮藏可控制温度在10～18℃，同时氧气压控制在2%～3%，二氧化碳的分压控制在5%以下为宜。

第三章

南瓜设施栽培

一、南瓜生物学特性

(一)植物学性状

南瓜为葫芦科南瓜属一年生蔓生草本植物。

1. 根 南瓜的根系在瓜类中是最强大的,一株根系总长可达 25 千米。主根入土深达 2～3 米,大部根群分布在耕作层 10～30 厘米的范围内,在根系发育最旺盛时可占 10 米^3 的土壤体积。南瓜在播种后 25～30 天侧根分布的半径可达 85～135 厘米,播种后 42 天,直根深达 75 厘米,在地表以下 45 厘米的范围内,许多侧根向水平方向伸展,其长可达 40～75 厘米。因其根系强大,吸水和吸肥能力都较强,对土壤要求则不甚严格。但南瓜的根系不耐移栽,在干旱地区栽培以直播为宜;早熟栽培育苗时,苗龄不宜过大,以免移栽时伤根、断根太多而妨碍幼苗生长。

2. 茎 南瓜的茎为蔓性,有长蔓与短蔓之分。茎有极强的分枝性,茎和分枝呈匍匐状或株丛状,栽培时要注意整枝。茎表面有粗刚毛或软毛,或有棱角。茎呈淡绿色、深绿色或黑绿色。主蔓长可达 3～5 米。一般茎蔓为空心,茎节上易生卷须,借以攀缘;茎节如与土地接触,则容易发生不定根,这些根同样有较强的吸收能力。在肥、水条件适宜时,主茎上的叶腋容易抽出侧枝(即子蔓),子蔓上再抽生的侧枝叫孙蔓。茎蔓的横断面呈圆形或五角形。

3. 叶 互生。叶片肥大,色深绿或鲜绿,叶柄细长而中空,无托叶。叶片有五角,掌状形,叶面有毛,粗糙;沿着叶脉有白斑,白斑多少、大小及叶色因品种而异。叶腋处着生雌花、雄花、侧枝及卷须。叶片宽大，蒸腾作用很强，不宜大苗移栽。

4. 花 南瓜的花型较大，雌雄同株异花，异花授粉，借助昆虫传粉。雌花大于雄花，花色鲜黄或黄色、筒状。雌花子房下位，柱头三裂，花梗粗，从子房的形态可判断以后的瓜形。雄花比雌花数量多，春季低温雌花发生早而雄花晚，秋季高温雌花发生晚而雄花早。雄花有雄蕊5个，合生成柱状，花粉粒大，花梗细长。花萼着生于子房上。花冠5裂，花瓣合生成喇叭状或漏斗状。南瓜花在夜间开放，早晨四五点钟盛开。短日照和较大的昼夜温差有利于雌花形成，并可降低着生的节位，有利于早熟。主茎基部侧蔓雌花着生节位高，主茎上部侧蔓雌花着生节位低。

5. 果实 南瓜的雌花凋谢后，由花托和子房发育而成为果实。南瓜果实形状有扁圆、圆筒、梨形、瓢形、纺锤形、碟形等。嫩果白色、绿色、橙色，成熟果皮的颜色多为绿、白、灰、橙红色，或花纹，间有浅灰、橘红的斑纹或条纹。南瓜果面平滑或有明显棱线、瘤棱、纵沟。果皮硬，少数有横条沟，成熟果肉颜色多为黄色、橙黄色、白色、浅绿色等，果肉致密或疏松，果实含淀粉较多，纤维质或枝状。肉厚一般3～5厘米，有的厚达9厘米以上。果实小而多肉，分外果皮、内果皮、胎座3部分，单瓜重因品种差异甚大，小到几克，大到几百千克。果形多种多样。一般为3心室，6行种子着生于胎座，也有的为4心室，着生8行种子。中国南瓜瓜梗硬，木质化强，断面呈5棱，上有浅棱沟，与瓜连接处显著扩大，呈五角形座。印度南瓜木质化程度低，断面呈圆形，较长。果柄长短及基座形状是区别南瓜不同种的重要依据。

6. 种子 南瓜的种子由种皮、胚乳和胚三部分组成。种子着生于内果皮上，幼嫩时可与果实一同食用。老熟后种粒饱满，种皮硬化。成熟的种子其外表扁平。种皮有白色、灰色、黄褐色或黑色，其大小形状因种类和品种不同而略有差异。千粒重100～300克。种子寿命4～6年。

（二）生长发育周期

南瓜从种子到种子的整个生长发育过程为 100～140 天，可分为发芽期、幼苗期、抽蔓期及开花结瓜期等 4 个时期。

1. 发芽期 从种子萌动至子叶展开，第一真叶显露为发芽期。一般情况下，用 45～50℃温水浸种 2～4 小时，在 28～30℃条件下催芽 36～48 小时，然后播种。在正常条件下，从播种至子叶展开需 4～5 天，从子叶展开至第一片真叶显露需 45 天。发芽期大约 10 天左右，此期所需的营养绝大部分为种子自身贮藏。

2. 幼苗期 自第一真叶开始抽出至具有 5 片真叶，尚未抽出卷须。此期主侧根生长迅速，每天可增加 4～5 厘米。真叶陆续展开，茎节开始伸长，早熟品种可出现雄花蕾，有的出现雌花和分枝。这一时期植株直立生长。在 20～25℃的条件下，生长期 25～30 天，如果温度低于 20℃时，生长缓慢，需要 40 天以上的时间。此时期要注意温度的管理。

3. 抽蔓期 从第五片真叶展开至第一雌花开放，约需 10～15 天。此期茎叶生长加快，植株自直立生长转向匍匐生长，卷须抽出，进入营养生长旺盛的时期，茎节上的腋芽迅速活动，侧蔓开始出现，此时花芽也迅速分化，雄花陆续开放。这一时期要根据品种特性，注意调整营养生长与生殖生长的关系，同时注意压蔓，以创造利于不定根发育的条件，促进不定根发育，以适应茎叶旺盛生长和结瓜的需要，为开花结果打下良好的基础，为优质高产做准备。

4. 开花结瓜期 从第一雌花开放至果实成熟，茎叶生长与开花结瓜同时进行，到种瓜生理成熟需 50～70 天。一般情况下，早熟品种在主蔓第 5～10 叶节出现第一朵雌花，晚熟品种则推迟到第 24 叶节左右。通常在第一朵雌花出现后，可隔数节或连续几节都出现雌花。不论品种熟性早晚，第一雌花结成的瓜很小，种子亦少，特别是早熟品种尤为明显。

由于南瓜的叶片肥大,蒸腾作用强,过强的光照是不利的,往往引起日灼萎蔫,因此应适当增大种植密度,减少单位面积的受光量,降低日灼萎蔫的发生率。

(三) 生长发育动态

1. 花的性型分化 南瓜和黄瓜一样,低温和短日照促进花芽分化和雌花发生。温度与日照相比,温度是主要条件,短日照条件对第一个花的分化却是很敏感的。日照长度在 8 小时和 10 小时情况下,昼夜温度在 10~30℃ 的范围内,温度越低、日照时数越短,第一雌花出现越早,雌花指数越高;否则反之。在昼温 20℃、夜温 10℃,日照长度 8 小时的情况下,不但雌花多而且子房和雌花都比较肥大,南瓜育苗时应加以运用。

2. 开花结果习性 南瓜的主蔓和侧蔓均能开花结果,一般以主蔓结果为主。早熟品种在主蔓第 5~10 叶节发生第一朵雌花;也有少数种类和品种早在第 2~5 叶节便出现雌花。中晚熟品种,当主蔓长到 10~18 叶节才开始发生第一朵雌花;晚熟品种可迟到第 24 叶节左右才出现雌花。在出现第一朵雌花以后,每隔数节或连续几节发生雌花。一般雌花虽多,但却常常因土壤养料和其他因素(如温度、水分、光照)的影响,其坐果率并不很高。在侧蔓上出现的雌花,其节位大多较主蔓为低。在自然生长条件下,就雌花出现或开放时期来看,以主蔓为先,但就节位来说则以侧蔓为早;而侧蔓出现雌花的节位又常因其在主蔓上着生的位置不同而异;在近主蔓基部的侧蔓上,一般在第 1~14 节以内出现雌花。雄花出现的节位比雌花低且数量多,开放早,开放时间也长。

南瓜的花一般均向上开放,多为二半花,即上午开放,下午萎蔫;开放时花粉粒较大,具有芳香味,有引诱昆虫的作用;大多借助蜜蜂、蝴蝶等昆虫传播花粉,称之为虫媒花。花朵初开时花粉最多,受精率最高,芳香味也最浓;实行人工授粉时,必须掌握好这个良机。

3. 南瓜结果的间歇现象　当瓜蔓上第一个果实开始发育时，以后在产生的三四个瓜梗会停止发育而化瓜或者落蕾，必须在第一个果实收获后若干天，再开的雌花才能结成果实的现象。此后出现的情况，依然如前。由此不难看出，结果间歇现象产生的原因是由于争夺养分所致。此外当南瓜果实开始肥大后，如遇阴雨连绵，或者叶子受病，大量遭到损坏时，这个果实就会停止发育而化瓜。之所以如此，显然由于养分供应的中断。把以上两个事实联系起来，不难看出，南瓜结果间歇现象的产生，不外是果实先结为主，优先独占了养分，后来的几个瓜果由于养分来源缺乏，因而引起了化瓜；待果实收获后或者间隔一定节位，营养生长又积累了足够的养分之后，这才具备结果的能力，此即结果间歇现象产生的根本原因。

(四) 对环境条件的要求

1. 温度　南瓜原产于美洲热带地区，性好高温，但对温度有较强的适应性，故分布的范围比其他瓜类蔬菜为广。发芽最低温为13℃，20℃以下不仅发芽率低，而且发芽不正常的达20%～30%。正常发芽时，幼根先从发芽孔伸出；发芽不正常时子叶先出，幼根后生，因而根系生长不良，幼苗不壮。发芽最适温为30℃，10℃以下和40℃以上不发芽。南瓜生长、开花和结果需高温，植株生长必须有不低于12～15℃的温度，最适温为32℃，最高温为38～40℃；开花结果要求的温度在15℃以上，果实发育最适温度为22～23℃，但在低温条件下有利于雌花的分化。平均气温超过22～23℃时，生理受阻，淀粉蓄积减产。南瓜在32℃以上的高温下，花器发育下正常，40℃以上停止生长。因为南瓜在高温条件下往往发生严重的病毒病和白粉病，降低产量。为获得南瓜高产，应该适当早播，争取在高温雨季来临之前植株已进入结瓜期。

2. 光照　短日照能促进南瓜雌花发生，但对未受精的花朵来说，在短日照（7小时）下反比自然日照（11小时）下坐果数为少，而在长日照（18 小时）下则不坐果；受精花朵的坐果不受日照长度的影响。就光周期对果实发育的影响来说，不论果实受精与否，自然日照下的果实比长日照和短日照下的果实发育都好。这就充分说明除在雌花性别决定之前需要短日条件外，在雌花性别决定之后，仍以自然日照最有利。在光照度方面，南瓜比黄瓜要求严格；南瓜在光照充足的条件下生长良好，果实生长发育快而且品质好；在多阴雨天气的条件下，光照弱、光照时数少，植株生长不良，叶色淡，叶片薄，节间长，常引起营养不良而化瓜，结果数减少，也容易发生病害，过于强烈的光照对植株生长也不利，往往引起萎蔫，特别是在幼苗定植时，光照过强会降低成活率。

3. 水分　南瓜根系强大，具有较强的吸水力和抗旱力，直播时尤为突出，在水利条件差的情况下，以直播栽培为宜。南瓜叶片大而多，蒸腾作用旺盛，必须适时灌溉，方能获得高产。南瓜在第一朵雌花坐果之前，如果土壤湿度过大或追肥过多，常易出现徒长。雌花开放时，如遇阴雨连绵天气，湿度过大，常不能正常授粉，造成落花、落果；遇有此种情况，可采取覆盖地膜或人工辅助授粉等措施。如果土壤和空气湿度过低，南瓜也会发生萎蔫；如萎蔫延续的时间较长，就会妨碍幼瓜生长发育，有的会形成畸形瓜，甚至会停止生长。为了获得南瓜高产优质，可采取深翻土地或深挖瓜沟、瓜穴等措施，加深耕作层，以利植株根群深入土层而提高抗旱能力；天气干旱时，要及时灌溉；遇到雨涝，必须及时排水。

4. 气体　设施蔬菜对气体的需求主要是二氧化碳气体。二氧化碳是植物通过光合作用制造碳水化合物的重要原料，通常大气中的二氧化碳含量约为 0.03%。保护地蔬菜生产通常处于密闭条件下，气体交换受到限制。日出后，随着光照增强、温度升高，蔬菜的光合作用迅速增强，吸收的二氧化碳迅速增多，经 2.5～3.0 小时后，保护地内二氧化碳浓度会降至 0.01%～

0.02%，远远不能满足蔬菜光合作用的需要。因此，作为一种施肥手段向保护地内输送一定数量的二氧化碳，可使蔬菜光合作用增强，促进其生长发育，提高抗病性，达到增加产量、改善品质的目的。

5. 土壤营养　南瓜对土壤要求不严格，以排水良好、肥沃疏松的中性或微酸性（pH5.5～6.7）的沙质壤土为最适宜。如在新开垦的贫瘠土地上栽培，必须大量施有机肥，以提高土壤保水保肥能力，促使植株生长健壮，多结瓜，结好瓜。如在黏性过重或过于肥沃的土地上栽培，水肥过量及管理不当而促使茎、叶徒长，造成落花、落果。南瓜对氮、磷、钾三要素的要求较高，以钾肥最多，氮肥次之，磷肥量少；氮、磷、钾三要素的适当比例为 3：2：6。重点施肥时期在第一朵雌花坐果之后，这一时期养分充足，可促进幼瓜加速膨大而增加产量，同时也能保证植株枝叶茂盛，为以后继续开花、结果创造有利条件。一般可使用厩肥、堆肥或杂肥做基肥，集中施于瓜沟和瓜穴为好。化学肥料适宜在开花、结果时期作追肥施用。一般以采收嫩瓜为主的早熟种，可在开花、结果的前期适当多施氮肥，以促进茎、叶生长繁茂，延缓植株衰老的时间；如在此时氮肥供应不足，则会引起瓜小、瓜形不整齐而降低产量和品质。对于以采收老瓜为主的南瓜，在开花结果前期必须适当控制和少施氮肥，否则容易引起茎、叶徒长，第一朵雌花不易坐果，会降低早期产量。南瓜不适宜连作，可与高秆作物和玉米等间作套种。

二、南瓜主要品种

1. 旭日　江苏省农业科学院蔬菜研究所育成，露地和保护地兼用早熟品种。叶片长 18～22 厘米，宽 28～30 厘米，叶柄长 22 厘米，叶片掌状五裂。茎五棱，节间长 13 厘米，茎粗 1.4 厘米。早生，容易结果，耐白粉病力强，喜冷凉气候，不耐热。一般在 16～19 节着生第一雌花，以后每隔 4～5 节着生 1 雌花。果实通常厚扁球形，纵径 13～17 厘米，宽 14～19 厘米，重约 1～2 千克，果皮橘红色鲜艳夺目，但日照不足时容易发生绿斑。肉厚，橙色艳丽，肉质粉而香甜，风味优美，品质极佳。雌花开花后约 45～55 天可采收，越晚采收，肉质越粉甜。贮藏力强，且风味不易变坏。生长适温 20～30℃，耐旱。既可观赏又可加工食用。

2. 碧玉 江苏省农业科学院蔬菜研究所育成，露地和保护地兼用早熟品种。叶片长 24 厘米，宽 27 厘米，叶柄长 24 厘米，叶形较小，掌状深裂。茎五棱，节间长 18 厘米，茎粗 0.5 厘米。果实扁球形，纵径 14～18 厘米，横径 13～20 厘米，重量约 1～2 千克，果皮青黑色，稍有绿色斑纹，果柄较细短。肉色橙黄亮丽，肉质粉质，香甜可口，品质优良。耐寒不耐热，宜单蔓整枝，适于密植，一株可结 2～3 果，雌花开花后约 40 天老熟采收。生长适温 25～30℃。既可观赏又可加工食用。

3. 青香玉 江苏省农业科学院蔬菜研究所育成，露地和保护地兼用早熟品种。植株长蔓类型，生长势较强。瓜形扁球形，横径 9～13 厘米，高 7～9 厘米，肉厚约 2 厘米。瓜皮深青色，老熟后果皮带白色蜡粉，果面相对匀滑，瓜肉橙黄色，肉质致密，口感细腻，甜糯，品质极佳。单瓜重 1.0～2.0 千克。主蔓第 6～8 节着生第一雌花，雌花授粉后约 10～15 天即可采收嫩瓜，40～45 天可采收老瓜。分枝性较强。早熟、喜光、喜温。亩产量 2 000 千克左右，种子千粒重 100 克左右。耐弱光，抗病性强。

4. 东升 台湾农友种苗公司育成，属印度南瓜类型。叶色深绿圆形，基本无缺刻。蔓生、节间短，分枝力中等，主侧蔓均可坐果。第一雌花一般出现在第 7～8 节。幼果黄色，充分成熟后橙红色。幼果近圆形，成熟果扁圆形。单果平均重 1～1.3 千克。大小整齐均匀，商品性好。皮薄、肉厚，果肉淡黄，成熟后呈金黄色，纤维少、质细、干面、甜，品质极好。适宜在一定的保护条件下进行早熟栽培。对霜霉病、病毒病有一定的耐性，但易感白粉病。亩产1 000千克以上。

5. 密本 植株葡萄生长，果梗基膨大呈五角形，属中国南瓜类型，叶片钝角掌状，叶宽26～28厘米，叶长20～22厘米，叶脉处有不规则的银斑。茎较粗，单性花，第一雌花着生在14～16节，瓜为棒锤形，长约36厘米，最宽处直径14.5厘米，瓜顶端膨大，种子少，千粒重77.3克，且集中在瓜顶端。成熟后瓜皮橙黄色，瓜肉厚，橙红色，干面、味甜，单瓜重3～3.5千克，一般亩产2 000千克。为中早熟品种，定植后85～90天即可收获老熟瓜。耐热性强，适应性广，适合各种形式的栽培，尤其是露地晚播的情况下，生长期遇到夏季高温，也很少感染病毒病，能正常结瓜，耐贮运。

6. 黄狼 中国地方中早熟品种，属中国南瓜类型。植株长势较强，分枝较多，蔓粗、节间长。第一雌花着生于主蔓第15～16节，雌花间隔3～4节。果长约45厘米，最大部分横径15厘米。果颈较长稍弯，实心，果顶部略膨大，形似黄鼠狼，故名黄狼南瓜。老熟瓜橙红色，上披蜡粉，肉质致密，水分少，味甜。耐寒喜肥，单株结瓜4～5个，品质好，产量高，适应性广。单瓜重1.5千克，亩产2 000～2 500千克。适合各种形式栽培。

7. 无蔓4号 山西省农业科学院蔬菜研究所选育。植株无蔓，丛生，株展90厘米，叶着生于茎基部，约50片，叶面有银灰色斑。结瓜性能好，瓜扁圆形，故瓜皮色深绿，有淡绿色条斑，老熟瓜皮色深黄，带有墨绿色花斑，一株结3～4个老瓜，单瓜重1.2千克，亩产老瓜3 000～4 000千克。适合各种形式的栽培。

8. 一串铃3号 湖南省衡阳市蔬菜研究所最新育成的极早熟南瓜新品种。第一雌花着生于主蔓第6～8节，一般2～3个瓜连生，中间隔2～3节再结1～2个瓜。嫩瓜圆球形，淡绿色，有点状花纹，单瓜重0.4～0.5千克，品质鲜嫩。老瓜扁圆形，黄棕色，单瓜重 1.5～2 千克，口感稍粉甜。前期嫩瓜亩产量 1 000 千克，老瓜 3 500 千克。

9. 白香玉 江苏省农业科学院最新选育的杂种一代南瓜新品种。中晚熟，长蔓型。全生育期 110 天左右。植株生长势强，株高 2.8～4.0 米，叶片绿色，近圆形，叶缘无缺刻。茎横切面圆形，着生刚毛。花瓣橙黄色，春季第一雌花节位 6～7 节，雄花节位在第 10～11 节；秋季第一雌花节位第 13～16 节，雄花节位在第 13～15 节。子房淡黄色，随果实成熟逐步转成白色，直至成熟时白色表皮下依稀见绿色。果实高圆形，果面光滑，平均单瓜重 2.3 千克，每株可结瓜 2 个。开花后 50 天种子完全成熟，果肉品质最佳，最大果肉厚 3.7 厘米。果肉鲜黄色，口感极粉甜，细腻，香气浓郁。

10. 绿香玉 江苏省农业科学院蔬菜研究所最新选育的一代杂交种，露地和保护地兼用。早熟，全生育期 100 天左右，株高 3.3～4.8 米，叶片绿色，近圆形，叶缘无缺刻。茎横切面圆形，着生刚毛。花瓣橙黄色，果实扁圆球形，果形正。果皮深绿色，有浅白棱沟。单果重 1.5～2.0 千克，肉厚 3.1～3.3 厘米；肉色橙黄亮丽，肉质甜粉、细，品质极佳，耐低温弱光，适于密植；50 天老熟采收。大棚吊蔓生长春季亩产量 2 200～2 500 千克，秋季 1 400～1 800 千克。

11. 板栗红 江苏省苏州市蔬菜研究所、苏州市蔬菜种子公司育成的印度南瓜一代杂种。植株蔓生型，生长势强。瓜型扁圆球形，横径 12～15 厘米，高 9～12 厘米，肉厚 2～3 厘米。瓜皮红色，带有淡黄色纵条纹。瓜肉橘黄色，肉质细密，水分少，粉糯，品质极佳。单瓜重 1.5 千克左右，侧枝 8～9 节出现第一雌花。分枝性强，早熟，喜光，喜温。抗病性和抗逆性强。亩产 1 500 千克，种子千粒重 180～210 克。

12. 白沙蜜本南瓜 广东省汕头市白沙蔬菜研究所用蜜早南瓜与狗腿南瓜杂交而成。广东、广西、湖南、云南等地已大面积推广种植。属早中熟品种，定植后 85～90 天可收获。抗逆性强，适应性广，产量高，品质优良，耐贮运。瓜为棒锤形，长约 36 厘米，横径 145 厘米，瓜顶端膨大，种子少且集中在瓜顶端上，成熟时瓜皮橙黄色，瓜肉橙红色，淀粉细腻，味甜，品质优良，单瓜重 3.0～3.5 千克，一般亩产 2 500 千克左右。

13. 吉祥南瓜　中国农业科学院蔬菜花卉研究所与北京市海淀区农业科学研究所选育的印度南瓜一代杂种。早熟，抗病，抗逆性强。植株生长势较旺，主侧蔓均可结瓜，瓜扁圆形，瓜皮深绿色并带有浅绿色条纹。单瓜重 1～1.5 千克。适于大、中、小棚及早春露地种植。每公顷 37 500～45 000 千克。

14. 金辉 1 号　东北农业大学园艺学院选育的籽用品种。植株生长势强，无权率高，中晚熟，第一雌花节位着生于 8～9 节，坐瓜节位 13～15 节左右。生育期 120 天，老熟瓜橘红色，瓜形圆形。单瓜重 10 千克左右，单瓜产籽 300～400 粒，最高可达 600～800 粒，百粒重 28 克以上，亩产瓜籽 75～85 千克，高产达 100 千克以上。瓜籽雪白色，籽宽 1.2 厘米，籽长 2.0 厘米，抗病性较强，适宜东北三省栽培。

15. 彩佳　江苏省农业科学院蔬菜研究所最新选育的杂交一代南瓜新品种。长势旺盛，抗热性强，栽培容易。果实重约 200～300 克，皮淡黄橙色，带橙色纵条纹。肉粉质，有独特甜味。雌花率高，单蔓可连续着果 3～4 个。播种后 80～90 天即可收获。储藏性极佳，常温下可保存 2～3 月，也可做装饰用。

16. 奶油南瓜　江苏省农业科学院蔬菜研究所最新选育的杂交一代南瓜新品种。蔓生，果肉鲜艳，橘红色，糖分高，口感好。瓜型整齐一致，长 25～30 厘米，粗 13～15 厘米，果肉鲜亮，单瓜重 2 千克左右，商品性好。瓜皮韧度强，耐储运。每亩密度 700～900 株左右，水肥条件高、管理好的地块亩产量可达 4 000 千克以上。

三、南瓜栽培类型及季节

在我国热带地区，南瓜露地栽培通常有春、秋、冬三茬，长江以南分春季和秋季两茬；淮河以北通常只有春季一茬。随着大棚、日光温室和加温温室等保护设施的广泛应用，长江以北基本上可以种植两茬或三茬，以春茬生长最好，品质最佳，病虫害最轻。

（一）塑料小拱棚及双膜覆盖早熟栽培

地膜覆盖栽培提高了地温，改善了根系生长条件，而对气温的影响很小，因而使早熟的效果受到限制，如采用地上覆盖栽培，改善植株的小气候条件，可提前种植早熟的效果更好。

1. 小拱棚覆盖栽培　南瓜小拱棚栽培是一种投资少、效益高的栽培形式，与地膜覆盖相比，具有以下优点：①提早定植，提早收获。小拱棚内有一定空间，棚内温度比地膜覆盖要高而稳定，所以定植时期比地膜覆盖栽培提早 7～10 天，提早采收 10 天左右。②防霜防冻效果好。小拱棚栽培南瓜使幼苗及整个植株在棚内生长，可使幼苗免遭霜冻危害。

小拱棚栽培要点：

（1）选用早熟品种　选坐瓜节位低、雌花开放至成熟天数短的小果形品种，如小红、小青、东升等早熟品种。

（2）提早培育大苗，适时定植　提前育苗、大苗适时定植，是小棚覆盖栽培的关键，要求培育具有 3～4 片真叶、生长强健、根系发育良好和适应性强的瓜苗，适时定植。由于定植期提前到 4 月上中旬，因此播种育苗的时间也相应提早到 3 月中旬，可利用温室、温床、大棚或双层塑料环棚育苗。定植时间应比露地栽培提前 10～15 天，以 4 月 10 日以后比较安全，定植过迟则影响早熟。

（3）合理密植　合理密植是充分利用空间、增加坐瓜数量、增加产量的一项重要措施。密度每亩 700～1 000 株，根据地区及土壤肥力酌情掌握，整枝多采用单蔓或双蔓整枝。

（4）**精心管理**　小拱棚栽培棚内的环境条件有时变化很大，要随时调节，保证植株正常生长，技术性很强，任何疏忽都会导致失败。

温度管理：温度管理的原则是前期以覆盖保温为主，一般白天保持在25～30℃，夜间18～20℃，当棚温升高到30℃以上就应通风，温度在20～22℃应覆膜保温。放风口要背风，避免冷风直接吹入伤苗。放风的位置要逐渐增多，时间逐渐加长，且经常变更位置，使各个部位的植株生长一致。

晴天棚内温度变化很大，应注意高温，降温时要覆草帘防寒保温，并注意防风。阴雨天也应适当通风，避免徒长和发病。5月中下旬以后露地气温上升，白天温度稳定在25℃左右时，可全面揭膜，夜间只覆盖棚的一侧，当5月底或6月初夜间气温稳定在25℃时，就可拆棚除膜，遇雨时可临时覆盖，防风雨，保护藤叶和幼果。

土壤管理：前期应保持土壤疏松，提高土壤温度，促进根系生长。5月中旬前后结合理蔓铺草，梅雨前清沟排水，培土保护瓜墩。

植株调整：一般在密植条件下应用双蔓整枝，及时剪除多余侧蔓和孙蔓。坐瓜以后还要经常剪除弱枝、老叶、病叶，增加通风透光。小拱棚南瓜易徒长，除控制施肥外，可在坐瓜节位以上摘心，压土抑制生长势，或采用人工辅助授粉促进坐瓜。

由于小拱棚覆盖缺少地膜覆盖，畦面容易滋生杂草，棚内空气湿度大，是其不足之处，因此这种小拱棚覆盖已渐为双覆盖式小拱棚所取代。

2. 小拱棚加地膜覆盖栽培　南瓜双膜覆盖栽培是在地膜覆盖的基础上再加一个小拱棚覆盖，是目前南瓜早熟栽培中一种常见的栽培形式。南瓜双膜覆盖栽培具有以下优点：①保温效果好。据测定，南瓜双膜覆盖棚内气温平均比单层小拱棚温度高

1℃以上，土温提高 2℃左右，特别是夜间保温效果明显，比地膜覆盖提早定植 11～15 天。②降湿保墒。由于有地膜覆盖，不仅提高了土壤湿度，而且能有效降低拱棚内空气湿度，从而减轻病害，还可克服单层拱棚内容易滋生杂草的缺点。③早熟效应明显。据试验，双膜覆盖和大苗移栽，南瓜上市期比地膜覆盖提早 15 天，产量提高 50％，产值增加 1 倍。④高产稳产。双膜覆盖能有效克服南方春季低温阴湿和 6 月梅雨的不利影响，是国内目前最有利于实现稳产高产的早熟栽培方式之一。

（1）双膜覆盖的结构　小拱棚加地膜双膜覆盖由地面覆盖和地上小拱棚覆盖两部分组成。目前主要有两种类型：

简易地膜双覆盖：地面和棚面均用 0.015～0.03 毫米厚的地膜覆盖。拱架可用竹片、树枝等。地面覆盖的幅宽和小拱棚的跨度均为 50 厘米左右，棚高 30～40 厘米。这种双覆盖一般难以在盖棚期间进行揭膜通风，南瓜伸蔓后也无法在棚内理蔓，且蔓很快伸展不开，故应在天气稍暖后及早撤棚，早熟效果不够理想，不能解决南方坐瓜期梅雨危害问题，因此在南方不宜过多采用。

普通双膜覆盖：以 0.05～0.08 毫米厚的农膜为棚膜，拱棚跨度较大，地膜盖幅也较宽。一般地膜盖幅和拱棚跨度均为70～120 厘米，棚高 50～70 厘米，棚长 20～30 米。从目前试验结果看，以拱棚内畦面全覆盖地膜为宜。这种双膜覆盖可全生长期覆盖，生长期间揭膜通风，尤其适宜在南方梅雨地区采用。

（2）铺膜建棚方法　先按地膜覆盖技术要求铺地膜。地膜要在定植前 5～7 天铺好，以提高地温。作畦铺膜后，先插拱棚架，然后栽苗，边栽苗边扣棚膜。作拱架的弓条应插在地膜覆盖畦的两侧地膜畦面边缘上，避免有未盖膜的土留在拱棚内。其他要求与单层小拱棚覆盖的建棚方法相同。

（3）双膜覆盖栽培技术要点

品种选择：应选择坐瓜节位低、果实发育期短、采收成熟度伸缩性较大、耐低温耐弱光的品种，如小红、小青、小贝、东升等早熟品种。有些地区和农户多从产量考虑，常选择中熟偏早的品种用作早熟栽培，如密本、黄狼等。以上品种虽晚熟数天，但早期产量上升快，总产量比早熟品种高，从栽培技术上采取措施，可缩短与早熟品种采收供应期的差距。

播种育苗：为培育适龄壮秧大苗，达到早熟高产的目的，必须正确选择育苗播种期。一般当日平均气温达到 10℃ 左右，幼苗具有 3～4 片真叶，日历苗龄 30～40 天，此时定植最易成活。南方适宜播种期为 2 月中下旬催芽育苗，此时气温尚低，一般不宜采用冷床育苗的方式，应采用宽 4 米的中棚，其间套两个跨度 1.8 米的小棚，再在小棚的底部设置电热线，或填装酿热物。

定植覆膜：提早育苗和提前定植是南瓜双膜覆盖早熟栽培的关键技术措施。适宜的定植期为 3 月底至 4 月初，具体掌握在露地气温稳定在 10℃ 以上。种植方式一般采用单行种植，种植位置可以在畦的中央，也可在畦的一侧。

合理密植：双膜覆盖栽培应当合理密植以获得高产，特别是早期产量，提高经济效益。以东升为例，生产中有的栽培密度每亩为 800～1 000 株，采用双蔓整枝，坐瓜后不再打杈；有的地区密度每亩为 700～80 株，需 2～3 蔓。具体宽度应根据品种、各地实际条件和栽培管理技术来确定。

加强管理：双膜覆盖栽培的瓜苗定植后，由于当时外界气温尚低，需要依靠拱棚覆盖来创造适宜南瓜生长的温度环境，但因拱棚内空小，在晴天中午棚内气温可达到 40～50℃，特别在天气渐暖时易造成高温危害，而遇到强寒流天气时棚内温度又会很快大幅度降低，特别是大多数双覆盖夜间无草帘，容易出现寒害。因此，必须加强拱棚覆盖期间的温度管理。

在全期覆盖情况下，一般可在定植后头 7 天左右加强保温，促进活棵和防霜冻危害，以后 14 天内实行 30～35℃ 以下高温管理，促进发蔓和花芽分化。在雌花开放和坐瓜期间应注意防雨，坐瓜以后继续保持夜温，可以防止落果和促进果实膨大。上述拱棚内温度管理可通过拱棚两侧揭起棚膜来实现，由小到大逐渐随天暖加大通风量。开花坐果期间应注意利用拱棚顶部的遮雨作用，确保正常授粉和坐瓜。棚温管理要避免两种倾向：一是温湿度过高，造成徒长和诱发病害；二是温度偏低，植株生长缓慢，达不到早熟的目的。

合理整枝并人工辅助授粉：双膜覆盖栽培多采用早熟、早中熟品种，实行密植栽培，一般较多采用双蔓整枝。对于生长势较强、叶片较肥大的品种，可在留瓜节位雌花开花坐住瓜后向前再留 15 节，当瓜蔓爬满畦面时打顶；若采用小叶型品种和双蔓整枝时，可保留在坐瓜节位坐瓜以后发生的侧蔓，有利于保证足够的叶面积，从而提高单瓜重和总产量。

早春双膜覆盖栽培情况下，南瓜雌花开放期尚在棚内，或虽引出棚外但外界气温尚比较低，昆虫活动很少，因此必须进行人工辅助授粉才能确保按时坐瓜。

双膜覆盖栽培大都存在轮作换茬困难的问题，白粉病危害日益严重。克服的措施一是选用抗病品种，二是加强田间管理。

（二）塑料大棚早熟栽培

塑料大棚覆盖的容积大，棚内气温比较稳定，而且可在低温期间套以小拱棚或增温幕，保温性能好，又能改善棚内光照条件，是南瓜早熟栽培比较理想的一种覆盖形式。近几年来，大棚南瓜面积在全国得到迅速扩大。随着大棚南瓜栽培技术的不断完善，必将成为最重要的南瓜早熟栽培方式之一。

1. 塑料大棚的类型　塑料大棚是利用塑料薄膜覆盖的简易不加温温室，它与玻璃温室相比，具有结构简单，建造和拆装方便，一次性投资较小等优点，因此，国内外塑料大棚的发展比玻璃温室快得多。

塑料大棚与在生产中应用较多的中棚和小棚，这三者一般以管理人员在棚内操作时是否受影响来加以区分，管理人员能够在棚内自由操作的为大棚，勉强能在其内操作的为中棚，不能在棚内操作而需在外管理的为小棚。按照上述标准，棚高 1.8 米以上；棚宽 3 米以上，面积 133 米² 以上的为大棚，目前生产上用的塑料大棚，面积 200～800 米²；棚高 1～1.5 米，棚宽 2 米左右，面积 70～100 米² 的为中棚；棚高 0.5～0.9 米，棚宽 1.5 米左右，面积不足 70 米² 的为小棚。

塑料大棚与中、小棚相比，骨架比较坚固耐用，使用寿命较长；棚体较高大，管理人员可在棚内方便地进行操作；保温效果好，对温湿度调控作用明显，并可在棚内安装加温等附属设备，对棚内作物能起更好的保护作用，因而早熟性、丰产性更为明显。

2. 大棚覆盖栽培的效应

（1）具有明显的增温保温效果　大棚的增温保温作用十分显著。据测定，在江苏省苏南地区，3 月中旬后，阴天条件下大棚内气温可高于外界 6～8℃，最低气温比外界高 2～3℃；3 月中旬土温比外界高 5～6℃，4 月份比外界高 6～7℃。一般大棚内地温和气温稳定在 15℃ 以上的时间比露地早 30～40 天，比地膜覆盖的早 20～30 天。

（2）促进南瓜生育　在同期栽培情况下，大棚比拱棚双覆盖更促进南瓜生育。据试验表明，大棚三层覆盖与拱棚三层覆盖相比，茎叶生长盛期比拱棚的提早好几天。大棚的茎叶旺长期持续 30 天左右，而小拱棚的茎叶旺长期持续达 40 天，最大叶面积出现时期比大棚的晚 10 天，正好与果实膨大相矛盾。因而大棚南瓜能在短期内形成强大的同化叶面积，并能及时转向果实生长，有利于早熟丰产。

（3）早熟增产，延长供应期　据各地资料，大棚南瓜一般可比拱棚双覆盖南瓜早定植 10 天左右，早熟 15 天，在同期栽植情况下，也可早熟 10 天以上，并且品质较优。大棚南瓜的总产量一般可比双覆盖增产 20%～40%。

（4）降低生产成本　能综合利用已有大棚设施条件降低生产

成本。在大棚设施较多的菜区，可利用早春蔬菜育苗或越冬蔬菜生产大棚，提高大棚设施利用率。

3. 大棚春提早栽培的关键技术

（1）肥水管理 大棚栽培南瓜的密度大，生长条件适宜，植株生长量大，对肥水需求比地膜和小拱棚南瓜更高。一般要求在冬前深耕、精细整地的基础上将基肥的 50%～60% 撒施耕翻，其余开沟施入瓜行内。有机肥可用优质厩肥每亩 4～5 吨或腐熟鸡粪 3～4 吨，过磷酸钙 50 克，硫酸钾 15～20 千克，腐熟饼肥100 千克。但目前在生产中有些瓜农因急于从大棚南瓜生产中获得较高效益，不断增加肥料的投入量，特别是有些速效复合肥每亩施肥达到上百千克，因植株不能充分吸收造成资源浪费，增加了生产成本，又造成土壤理化性状变差和污染。因此，在保护地栽培需注重合理的施肥量和科学施肥方法。

大棚南瓜追肥应以中后期果肥为主，以磷钾复合肥为主。伸蔓前期可沿瓜垄两侧开浅沟追施一次复合肥每亩 15～20 千克，促进植株发棵。幼果坐住后长至鸡蛋大小时结合灌水每亩施复合肥 20 千克、硫酸钾 10 千克，促进果实膨大。果实定果后可叶面追肥 0.3% 磷酸二氢钾 2～3 次。大棚南瓜前期地不干不浇，控制水量，进入膨瓜期 3～4 天浇一次水，果实定果后每 5～7 天浇一次，采收前一周停止浇水。

大棚南瓜除常规施肥外，由于棚内空气密闭，空气中的二氧化碳含量难以及时补充，因此补充施用二氧化碳气肥，可提高南瓜光合作用强度，有利增产。既可使用二氧化碳发生器，也可用反应形成的二氧化碳液体或固体专用肥，但购买前应认真检查产品质量合格证并按照说明要求操作。

（2）移栽定植 大棚南瓜的定植适期要根据各地当年气候条件、大棚保温性能、南瓜上市要求和管理水平综合要求决定。一般在棚内 10 厘米最低土温定在 13℃ 以上，棚内平均气温稳定在18℃ 以上，最低温度不低于 12℃ 为安全定植期。

大棚定植南瓜要充分利用棚内空间，一般可采用搭架立体栽培。生长势较弱、叶形较小的品种每亩可定植 1 500～1 800 株，生长旺、叶形较大的品种每亩可定植 1 200～1 500 株，采用双蔓整枝，采用爬地栽培时，密度要小一点，并注意选用节间短、长势稳、耐低温弱光的南瓜品种。定植时间宜选晴天中午，以保土温以利缓苗。定植时先浇底水后栽苗，小心操作，栽苗后可补浇小水及时封穴。

（3）大棚温湿度与光照管理

温度：大棚内温度主要受外界环境条件和天气影响而变化，尤以昼夜温差变化大。棚内气温在日出前最低，约比露地高 3～6℃，中午时达到最高气温，晴天可达 40℃以上，14 时以后气温开始下降，每小时降幅 5℃左右。地温随气温变化而变化，但幅度小于气温，且夜间地温高于气温。

大棚南瓜由定植至坐果，温度管理以防寒保温为主。定植后 3～4 天不通风，使棚内白天保持 25～35℃，夜间 15℃以上，由植株缓苗生长至雌花开放，在棚温大于 25℃时打开棚顶天窗通风，下午降至 25℃时关闭风口，夜间温度保持在 12℃以上。开花坐果期白天控制在 25～30℃，超过 30℃时利用侧窗加强通风，夜温保持在 15℃以上。这期间要注意不能放地风，通风口位置应经常交换，注意防止大风、寒流、降雨、降雪等对棚内小气候的不利影响，及时采取相应措施。

大棚南瓜由果实退毛至采收，温度管理以扩大通风、排湿防病为重点。白天温度不超过 30℃，夜间保持在 18～20℃，以促进果实发育，提高果实品质。除降雨外，天窗昼夜开放，白天还可将南北两侧膜打开对流，降低棚内空气湿度，增加光照。

湿度：大棚内空间密闭，空气难以流通交换，一般空气相对湿度较大，并随着棚内温度和土壤湿度的变化而变化。当棚内气温升高后，空气相对湿度下降；棚内气温降低时，空气相对湿度升高。晴天棚内相对湿度较低，阴天和雨雪天较高。白天通风后，棚内空气相对湿度下降，下午关闭风口后开始升高，并随着夜间棚温下降而迅速增加，日出前棚内空气相对湿度达到峰值，一般90％以上，大棚边缘处甚至可达到饱和状态。空气湿度还受土壤湿度的影响，土壤水分蒸发和植株叶面蒸发是大棚内水汽的主要来源。通过合理控制灌水量也可以间接调控大棚内空气湿度。由于地膜具有抑制土壤水分蒸发和保墒的作用，在棚内覆盖地膜即可起到降低空气相对湿度的作用，又可减少南瓜生长前期的灌水量。但到南瓜生育的中后期，由于叶片蒸发量大大增加，降低棚内空气湿度主要应靠通风换气排湿，使棚内空气相对湿度保持在白天55％～65％，夜间75％～85％，有条件的地方还应积极采用膜下滴灌技术。

光照：大棚内光照度直接影响南瓜的光合效率，棚内光照度因天气、地区纬度和时间等因素变化，并随着外界光照度的增加而增加。棚内光照度自上而下减弱，上部约为自然光照的61％，距地面150厘米处为自然光照的35％，近地面处为自然光照的25％。南北向大棚，上午光照度是东强西弱，下午西强东弱，南北两端差距较小。大棚内再建小棚，保温效果虽有改善，但多层膜的透光量较单膜的减少40％～50％。棚内立柱多少、棚膜种类、新旧、受污染程度等均可影响棚内光照度。

提高棚内光照度，首先要尽量选用无滴膜，以避免因棚膜表面结露珠影响透光率。其次，要注意管理作业时保持棚膜清洁，减少灰尘、泥土等附在棚膜上降低光照度。第三，要严格整枝，及时打顶，保证大棚顶部和两侧光线能通畅射入，特别是搭架栽培要使架顶叶片距棚顶保持30厘米以上空间距离。第四，大棚内的小棚待温度稳定后要及时撤除，以保证植株对光照的需要。第五，地面覆盖银灰色地膜可增加近地面反射光强度，根据条件应选择铺设。当早春或阴雨天棚内光照过低时，也可考虑增设人工辅助光源或装反光板，以保证南瓜的光合需要。

（4）施用二氧化碳气肥　棚内空气中二氧化碳是南瓜进行光

合作用的主要原料之一，大气中的二氧化碳浓度一般 0.03％，夜间较白天高，日出后开始降低，以傍晚最低。当外界温度适合时，可通过打开通风口换气，补充棚内二氧化碳的不足。但如受环境条件限制，不能通风或通风量小，难以满足需要时，在上午 10～12 时大棚南瓜光合作用最旺盛时施用二氧化碳气肥，能有效提高大棚南瓜的产量。

人工提高棚内二氧化碳气体浓度，补充棚内二氧化碳气体有以下几种方法：①可在棚内堆积新鲜的马粪，在马粪发酵过程中释放二氧化碳气体，一般按每立方米空间堆 5～6 千克，即可满足需要。②可根据条件购置各种类型的二氧化碳发生器，有炉子燃烧型发生器，也有化学反应型发生器，但使用前均需严格考察产品质量，并按产品说明书要求进行操作。③可利用燃烧丙烷气产生二氧化碳，在面积 600 米^2 的大棚内，燃烧 1.2～1.5 千克丙烷气，能使大棚内二氧化碳浓度提高到 0.13％。④可在棚内四角置耐腐蚀的陶瓷容器，加入浓盐酸后放进少量石灰石，反应后可产生二氧化碳。操作时需小心防护避免酸液伤害。二氧化碳肥料施用的最佳时间为晴天上午 10 时，最适浓度为 0.1％～0.15％。

（5）提高大棚南瓜坐果率和品质　大棚南瓜一般在 4 月下旬至 5 月上旬开花，这时棚内无昆虫活动，故必须人工授粉。根据大棚南瓜开花特性，授粉时间以上午 8～9 时为宜，阴雨天可适当推迟。也可在阴雨时提前一天取回含苞雄花，置室内干燥处，第二天上午开放后授粉。为提高坐果率，可于主、侧蔓上雌花都授粉，也可给第 1、2、3 雌花授粉，以便有选瓜余地。为保证坐瓜稳妥，还应选择耐低温、耐弱光、易坐果的品种在大棚种植。阴雨多的年份或植株徒长，也可考虑授粉后再辅以坐瓜灵处理。

为提高瓜重和使瓜形端正，应尽量选留第 2 雌花上坐的瓜。当幼瓜长到鸡蛋大小时，应在每株选留 1 个瓜柄粗、果形圆整、发育快的幼瓜，并优先留主蔓上的幼瓜，将其余的瓜摘除。大棚搭架栽培的南瓜由于果实生长在良好的小气候下，只要加强管理，可生产出果形端正、皮色鲜艳、品质上乘的优质商品瓜。

（三）夏秋遮阳网覆盖栽培

南瓜夏季覆盖栽培采用的遮阳网（寒冷纱、凉爽纱）是用聚烯烃树脂为主要原料，通过拉丝编织而成的一种轻质、耐老化、网状的新型农用覆盖材料。

遮阳网不仅覆盖南瓜而且覆盖其他蔬菜栽培，都有显著的增产作用。我国从1983年进行试生产遮阳网，目前北京、上海、广东、江苏、湖南、安徽等省市都有生产。我国利用遮阳网进行蔬菜生产，正由南方各地区逐渐向北方推广应用，充分显示出广阔的发展前景。

1. 遮阳网的作用

（1）遮阳降温 据各地试验，炎夏覆盖一般地表温度可降低4～6℃，5厘米深地温较露地低3～6℃。据上海市农业科学院园艺所报道，黑色遮阳网最高温度平均降低4℃，最大降温9℃；银灰色遮阳网最高温度平均降低3.3℃，最大降温7℃。

（2）减少病虫害发生 遮阳网覆盖后降低温度，又避免雨水直接冲击，使病虫害明显减少，如南瓜细菌性斑点病。还可节省农药，减少喷药次数，降低农药在蔬菜上的残留量，有利于南瓜无公害生产。银灰色遮阳网有避蚜虫作用，还可减少病毒病的传播。

（3）减少地面太阳辐 遮阳网覆盖后能大幅度减少地面太阳辐射，减缓风速，增加湿度，减少土壤水分蒸发，具有保墒防旱效果。

（4）避免幼苗徒长 遮阳网是网状的，有透气性，覆盖在畦面，种子出苗后不会徒长，刮风时不会受风害。

（5）防暴雨危害 使南瓜不直接受到冲刷，土壤不易板结，防雹灾；并有抗寒、防霜冻等作用。不仅可以夏季栽培应用、秋延后育苗应用，还可以广泛地应用。

2. 遮阳网的优点 遮阳网是一种新型覆盖物,夏季覆盖有凉爽降温作用,冬春覆盖有保温效果;能使南瓜增产;它使用方便,寿命较长,容易保存。其优点如下:

(1) 使用方便,节约人工 芦帘或稻草苫覆盖花工费时,200米² 的温室 2 个人需盖 1 小时,而覆盖遮阳网只需 20～30 分钟,节省工时 50% 以上。

(2) 使用寿命长,降低成本 稻草苫只能使用 2 年,每平方米 1 元以上,折合每年每平方米 0.5 元左右。而遮阳网冬季覆盖也可叫保温网,能使用 3～5 年,每年每平方米为 0.3～0.4 元。

(3) 保管方便,节约仓贮面积 由于遮阳网体积小、重量轻,与芦帘或稻草苫相比在同样面积的仓库里,比芦帘要多贮藏 30～40 倍。

(4) 增产增收 遮阳网覆盖后能减少病虫发生,创造蔬菜生长发育的良好环境条件,可提高蔬菜产量,增加菜农收入。炎夏生产蔬菜,遮阳网覆盖后,一般增产 20% 以上。夏季覆盖后,可使夏收南瓜延迟节令和秋播南瓜提早收获,从而缓解蔬菜"伏缺"。

3. 遮阳网覆盖栽培形式 遮阳网在南瓜夏季栽培上主要是温室覆盖和大棚覆盖等形式。

(1) 遮阳网覆盖温室栽培 温室覆盖分温室内水平覆盖和温室外水平覆盖。温室外遮阳覆盖降温效果好,最大降温达 9℃,是温室遮阳覆盖的主要形式。当温室内的前茬作物收获后,随即整地作小高畦,并将遮阳网盖上。遮阳网宽窄的选择可根据温室的宽度而定,遮阳网的颜色可根据各地夏季光照度进行选择,光照强的地区可选择遮光率高的黑色、银灰色或蓝色网。一般应用银灰色、灰色、绿色遮阳网。

温室覆盖遮阳网分三种:一种是温室内水平覆盖,另一种是温室外水平覆盖,第三种是倾斜覆盖。前两种覆盖方法都是用竹竿、木棍等材料搭成平面支架,将遮阳网覆盖在支架上,后一种是把遮阳网直接覆盖在温室倾斜的骨架上。

（2）遮阳网覆盖大棚栽培　在选择遮阳网的宽度时，一般选宽幅面的，但一定要符合覆盖大棚的需要。覆盖时间一般在播种或定植前后进行，将遮阳网直接盖在大棚骨架上。在高温季节可防止植株早衰，减少化瓜，延长生长期，后期产量可大大提高。

4. 使用遮阳网应注意的事项

（1）应根据当地自然光照强度、作物的光饱和点以及覆盖栽培方法选用适宜遮光率的遮阳网，以满足作物正常生长发育对光照条件的要求。蚜虫、病毒病危害严重地区宜选用银灰色的网。

（2）应用遮阳网覆盖技术要视当地气候条件和蔬菜生育情况而定。温室、大棚覆盖应以果、瓜菜类为主，用银灰色网较好，育苗时则用黑色网覆盖为宜。

（3）遮阳网的性能不是万能的，只有加强相应的管理措施，才能取得理想的经济效益。覆盖后，作物生长速度加快，对水肥的需要量大，要及时补充水肥，视天气变化及蔬菜生长发育情况采用灵活的覆盖形式，切不可一盖了之，一盖到底，不加管理会导致减产。

（4）夏季覆盖选抗热性强的品种，防霜覆盖则选用耐寒性好的品种。

（5）遮阳网一般可使用3～5年，使用时要做到标准化、规范化，使一网多种用途。网的使用宽度可任意切割和拼接，剪口要用电烙铁烫牢，两幅接缝用缝纫机或鱼网丝缝牢。不用时要洗净后妥善保存，延长使用寿命。

遮阳网覆盖栽培可结合地膜覆盖栽培同时进行效果更好，其露地作畦和地膜覆盖栽培一样。

南瓜夏季及炎热栽培除高寒地区越夏一季栽培之外，其品种、田间管理都基本一样。都需要抗热性好的中晚熟品种，管理上都是以排除积水为重点，由于夏季温度高，果实生长速度快，生长期间不宜脱肥，采取"少吃多餐"的追肥措施，同时不宜追施人粪尿和未腐熟的有机肥。夏季遮阳网覆盖温室大棚栽培的架形可和春季保护地栽培一样，因为覆盖后风速小。其他管理均和夏季露地栽培一样。

（四）大棚秋延后栽培

大棚秋延后栽培是指我国北方秋季温度下降较快，生长期短，冬前不能完全收获，必须加覆盖保护生长。延后栽培可使南瓜栽培茬次增加，还可以进行晚收贮藏，还可在新年上市，为节日优质鲜菜之一，所以近几年栽培面积逐年扩大。这种栽培形式从栽培经验上还不很成熟，各地正地进行研究和提高。在栽培上有些技术与春季和夏季栽培有相同的地方，这里介绍不相同的关键技术。

1. 选择品种　一般秋季露地栽培宜选择苗期抗热、后期耐低温的品种，如彩佳南瓜、白香玉南瓜、旭日、青香玉、碧玉等；其次要考虑选择质优、高产、耐贮运、性状较好的品种，可根据市场需要选择不同的品种。一般以选择全生育期不超过 90天，果实发育期不超过 45 天的品种为宜。

2. 适时播种育苗　夏秋季温度高，可露地直播，但生产中一般采用小棚育苗，主要是为了便于护苗，这不同于春季的保温育苗，所以育苗设施、幼苗生长及管理也完全不一样。

（1）播种期　适时播种非常重要，播早了易遭高温和暴风雨危害，晚了则影响果实正常成熟，华北地区一般以 7 月上中旬播种较为合适。

（2）苗床设置　苗床应设置在地势高燥、便于排灌、大雨后不受淹的地块，也可设在大棚内。无论大棚内外，苗床上要有遮阳网或其他遮阳设施、防雨的棚膜等覆盖物，育苗用的营养钵、营养土、过筛细土等与春茬育苗相同。

（3）播种育苗　夏季气温较高，播种时不必像春季栽培那样强调催芽，干籽或种子略加浸泡后就能播种；若催芽，种子露白即可。播种前一天，苗床浇透水，播种时在钵中央点一小穴，种子平放插入土中；然后盖 1 厘米厚的过筛细土。

（4）苗床管理　夏季高温多雨，高温时秧苗易感病毒病，因此苗床必须有遮阳设施以降低气温。遮阳网晴天盖，阴天不盖；白天盖，晚上不盖。对苗床四周作物及杂草要严格喷药治蚜。幼苗出土后要严格控制浇水，以水控苗，但夏季水分蒸发快，苗床不能过干，缺水时少量喷水，可结合增施叶面肥以培育壮苗。定植前后应让幼苗多见直射光，以防徒长。下雨时要盖好棚膜防雨。秋季苗龄不宜过大，15～20 天一叶一心的小苗即可定植。

3. 栽培大棚的准备与幼苗定植

（1）大棚设施　竹木、钢管、水泥结构的大棚均可，另外要增加遮阳网，覆盖在大棚顶部塑料薄膜上，栽培中后期撤除。可采用网膜结合、全面遮盖的方法，即用防虫网把大棚下部四周围起，使大棚成为一个封闭的小环境，可有效地将害虫拒之于大棚之外，从而大大减少虫害，同时也相应减少了病害和打药的次数。若无专用防虫网，可用尼龙窗纱替代，效果也不错。覆盖遮阳网及防虫网应于定植前准备好。

（2）定植　因植株在大田生长的时间较短，一次施足基肥就能基本满足全期生长发育的需要，所以定植前要施足基肥。基肥应尽量少用速效氮肥，以防植株徒长，增加病害，氮、磷、钾比例为 1∶1∶1。然后作高畦（高 20 厘米），盖地膜，畦宽 1～1.2 米，定植前一天午后，苗床浇一遍透水。栽时先在定植畦上定好株距，破膜打孔，孔内浇透水，然后将苗栽到孔中（幼苗土块顶面与地面相平或略低一些），用土轻轻压实后再复浇一次水，然后用细土围根，封好定植穴；定植时的幼苗以 1 叶 1 心至 2 叶 1 心的中小苗为宜。为了充分利用大棚内的空间，多采用密植立架栽培；单蔓整枝时一畦种双行，行株距为 1.0～1.5 米×0.5

米，亩种植约 1 500 株。因同一品种秋季栽培的生长势不如春季旺，因此种植密度可比春季稍加大一些。

4. 定植后的管理

（1）大棚温湿度管理　管理原则是前期降温控温，后期增温保温，尽可能降低空气湿度。定植后缓苗前，棚内温度控制在28℃左右，缓苗后白天温度不高于 32℃，夜间不超过 18℃，温度高易使植株徒长；坐果期间温度以 25～27℃ 为宜，此时外界温度降低，需要盖膜增温。根据南瓜生长对温度的要求和天气情况，栽培前期温度较高，遮阳网可白天盖晚上揭，栽培中后期气温降低，可撤去遮阳网，放下四周棚膜，通过适当放风来调节棚温，尽量满足南瓜生长要求。南瓜不耐湿，要防止出现高温高湿现象，浇水后要加大通风量，尽快降低湿度；夏季午后气温超过35℃时，害虫活动较少，可揭开防虫网一段时间，以加快通风，然后再盖上，这样不影响防虫效果。

（2）水分管理　作畦前要浇足底水，定植后早浇缓苗水，伸蔓坐瓜前土壤要保持一定的湿度，开花坐果期不宜灌水，以免徒长影响坐果。花后根瓜鸡蛋大小时进入果实膨大期，此时需水量逐渐增大，土壤宜见干浇水，但要防止大水漫灌，果实成熟前15 天停止浇水，以提高果实品质。

（3）植株管理　夏秋气温高，加上大棚遮阳网覆盖栽培，肥水条件较好的田块极易引起植株基叶过于茂盛而不结瓜。因此，在控制肥水的同时要及时整枝绑蔓，整枝多采用单蔓或双蔓 2 种方式。根据生长环境特点及时摘心，以调整营养生长和生殖生长的矛盾。单蔓整枝是只留主蔓，侧枝全部摘除。双蔓整枝是在幼苗长至 4～5 叶时摘心，然后选留基部长势相近的两条侧枝蔓。一般情况下，单蔓整枝成熟期较早，双蔓整枝成熟期晚 3～5 天，但果实大小整齐一致。瓜坐稳后不再整枝，任植株自然生长，以增加叶面积，促进果实膨大。整枝宜在晴天进行，植株下部发黄的老叶要及时摘除，以利通风透光。棚内传粉昆虫少，花期要进行人工辅助授粉，每天清晨花开后采摘雄花，剥除花瓣，然后轻轻地在雌花上涂抹一下，授粉一般在早上9时以前进行。

（4）病虫害防治　秋季主要病害有叶枯病、蔓枯病、霜霉病、白粉病等，虫害以温室白粉虱、蚜虫为主。病虫害以预防为主，要早发现早防治。合理的栽培措施是有效的防治方法；采用银灰色防虫网和遮阳网则避蚜效果更好。保持棚内通风良好，空气干燥，应及时剪除多余子蔓及基部无功能老叶。应掌握晴天整枝的原则，因阴天潮湿，整枝造成的伤口往往易引起蔓枯病暴发流行。要合理浇水，防止大水漫灌、忽干忽湿，浇水、整枝后可结合喷药预防。常用药剂：叶枯病可选用速克灵、扑海因、代森锰锌等，蔓枯病可选用扑海因、百菌清、代森锰锌等，发现病株后立即喷药或涂茎；霜霉病的常用药剂有杜邦克露、杀毒矾、百菌清等；白粉病的常用药剂有粉锈宁、甲基托布津、百菌清；杀虫剂一般多选用氧化乐果。使用药剂的浓度及方法可参考说明，要在植株发病初期就开始，每隔7～10天喷一次，连续几次，并注意选用不同药剂交替使用。

5. 早覆盖防寒　秋南瓜露地栽培，到初露时就要拉秧，无须覆盖。秋延后大棚栽培在气温下降到20℃以下时，即应考虑搭棚覆盖。具体覆盖时间要看南瓜播种早晚和苗子大小，还要根据天气变化情况确定。播种或定植晚的南瓜，苗子小，为促进生长，应早覆盖（平均温度在20℃以上），一般有霜冻的北方都在初霜到来之前15天左右覆盖塑料薄膜。覆盖塑料薄膜后因白天中午温度尚高，边膜不用压土，同时还应及时放风，避免徒长。大棚只有单层薄膜覆盖，当外界气温下降到0℃以下时，南瓜大棚生产也就结束了。当棚外气温降到0℃时，如果通过在薄膜外加盖草苫，还可以延长收获时间。当天气转冷，压膜用土压实，注意防冻，仅在中午进行小通风，当严寒到来，夜间最好在大棚内搭小拱棚盖草苫。

6. 适时采收　根据市场需求和人们的食用习惯及时采收。

（五）日光温室越冬栽培

1. 日光温室环境条件与调节

（1）温度调节　日光温室的温度随着室外温度的季节性变化而变化，从秋季以后，旬平均气温逐渐下降，1 月下旬下降到最低，进入 2 月以后，温度开始回升。

日光温室温度的日变化决定于日照时间、光照度及揭开覆盖物的早晚等。日出后揭开不透明覆盖物，阳光透过塑料薄膜进入温室，经土壤及温室的结构物转变为热能，以长波辐射的方式释放出来，加热空气，温室内的气温及地温都升高，晴天的最低温出现在揭开不透明覆盖物后半小时，之后气温开始回升，下午 2 时达到最高，以后外界温度开始下降，室温也随之下降，上午平均每小时升温 4～5℃，下午气温下降迅速，温室应适时覆盖不透明覆盖物进行保温。覆盖物盖后 1 小时，气温升高 1～2℃，然后缓慢下降。所以盖覆盖物应在日落前进行，以使温室内具有一定的温度。

由于昼夜温室的热源来自不同方向，以及温室结构的影响，温室具有局部温差。在温室内前后左右、垂直方向上温度不同，一般水平温差小于垂直温差，在一定范围内，温室越宽，水平温差越大，温室越高，垂直温差越小。纵向的水平温差小于横向。冬季温室南部的土壤温度比北部高 2～3℃，而夜间北部比南部高 3～4℃，纵向水平温差为 1～3℃。温室南部温差大，光照条件好，有利于养分积累，温室北部的昼夜温差小，夜间温度高，呼吸强度大，光照条件差，产量较南部低。

温室内土壤温度的高低与季节有关，同时也受冻土层的影响。在温室中部 5～10 厘米深处，当露地未结冻前，外界气温为 0～5℃时，如果温室内气温为 18～20℃，则地温在 16℃以上，有时与室温接近，室内气温在 20～25℃，土温为 19℃左右。在冬季严寒季节，外界土壤结冻的情况下，如室温在 20℃，土温可在 14℃左右。气温为 26℃时，土温可达 18℃。春季解冻时，室内的气温在 26℃，而土温可达 20℃以上。总之，外界气温高，无冻土层影响时，室内的地温较高，气温与地温的温差小。如外界的气温在 0℃以下，外界土壤冻结时，室内地温升高难度增加，气温与地温的温差增大。

一天中 5 厘米深处地温的最低温度出现在上午 8～9 时，最高温度出现在下午 3 时左右。15 厘米深处地温最低温度出现在上午 9～11 时，最高温度出现在下午 6 时左右。下午盖帘后到第二天揭帘之前，地温变化缓慢，变化幅度 2.5～4℃，离地面越深，变化幅度越小。

各种蔬菜作物对温度要求不同。南瓜的生育有一定的适温范围，为 25～30℃，超过这个温度界限对南瓜生育不利。

作物在一天中对温度的要求，白天特别是上午要求在适温范围内较高的温度进行光合作用，下午至上半夜要求温度逐渐降低，以便将光合产物运送到植物各器官，下半夜要求温度在适温范围的低限，抑制作物呼吸作用对积累的光合产物的消耗。夜温高南瓜易徒长，就是由于呼吸作用消耗了体内的养分。要使南瓜健壮生长发育必须及时调节温度，尽可能满足南瓜生育的适温范围。对寒冷季节温室内的增温保温及高温期的通风降温，可采用以下调节办法：①增温保温措施。冬季温室保温是生产中的重要环节。首先要选用优质结构，增大进光量来提高温度，选用保温性好的覆盖材料，如用聚氯乙烯无滴膜，保温性能好于聚乙烯长寿无滴膜；保证温室的严密性，温室后坡、后墙及山墙要严密不透风，塑料膜有破裂处及时粘补；冬季寒冷地区加厚覆盖物保温，温室的前坡底脚加一层草帘；温室内可扣小拱棚，夜间也可用无织布进行植株表面覆盖，短期临时恶劣天气，可增加临时加温火炉度过低温期，加温时要注意防止烟害，有条件可用热风炉加温，效果较好，温度均匀。②提高地温措施。地温的高低直接影响根系的生长和对养分水分的吸收及土壤微生物的活动，从而影响蔬菜生长发育和产量。地温不足是寒冷季节温室蔬菜生产的主要限制因素。提高地温是冬季育苗和生产的关键性技术环节，可采用电热源温床育苗，达到同样的生理苗龄比常规育苗可缩短日历苗龄 20～30 天，而且壮苗指数高。温室前部地温较低，可在温室底脚外侧挖防寒沟（方法前面已经讲过）。采用地膜覆盖栽培，可节省灌水，增温保墒，降低温室内湿度，减轻病虫害发生，同时可提高地温 2～3℃。温室内采用土壤热交换系统可提高地温 2～3℃。③降温措施。用遮阳网等设施遮光降温，加强通风换气达到降温目的。

（2）光照调节　春季和秋季太阳高度角较大，进入温室的光量多，而冬季的太阳高度角小，进入温室的光照小，温室的光照条件差。温室内光照的分布因季节不同而不同，而且部位不同局部的光差也很大，在同一水平方向上，由前向后，光照度逐渐减少，以温室的后墙内侧光照度最低。

温室垂直方向上的光照以温室的上层最高，中层次之，下层最差。距离透明覆盖物的距离越远，光照度越弱。

光照条件直接影响南瓜的生长发育和产量的高低。冬季温室处在光照度弱、日照时间短的季节，加之塑料薄膜覆盖材料的反射与吸收损失了部分光源，温室的外覆盖又减少了光照时数，这段时期光照弱、温度低，不利于南瓜生长发育，应创造条件尽量减少光源的损失。春秋季节，光照度增强，温室的光照条件基本能满足南瓜生长的需要。进入春末、秋初及夏季，光照度远远超过南瓜光饱和点，抑制了南瓜的生长，易引起病害和日灼病流行。这段时间应采取遮光措施，减弱光照。光照调节措施有以下几方面：①选用优型结构，增大采光面角度，提高光线透射率，减少遮光面造成的光源损失。②温室建造东西走向，西朝南偏西5°～10°，避免寒冷季节早晨揭不开帘子，下午可适当晚放帘子，延长光照时间。③保持采光面清洁，经常擦洗薄膜外表，及时擦除薄膜内水滴，最好选用无滴膜。④根据温室内的温度，适当早揭膜盖草帘，阴雪天也要适当揭开草帘，保证温室内进入一定的散射光。⑤冬季温室后坡后墙张挂镀铝反光膜，将射在后坡墙上的光反射到作物上。试验表明，张挂反光膜可增加温室后部光照30%左右，提高产量10%～20%。⑥春末以后，温室在上午9时至下午4时最好采用黑色遮阳网覆盖，减弱光照，降低温度。

（3）湿度调节　温室空间小，封闭性能好，不易与外界空气形成对流，气流比较稳定，特别是塑料薄膜的不透气性，使室内的空气湿度较大。气温升降是影响空气相对湿度变化的主要因素。

温室内的空气湿度随着天气、通风、浇水等措施而有变化。一般晴天白天空气的相对湿度为50%～60%，夜间可达到90%，阴天白天可达到70%～80%，夜间可达到饱和状态。在低温季节，温室湿度过大时，可在中午时放小风、放顶风，降低湿度，但不能放底脚风，避免扫地伤苗。放风时间要根据温度来定。在晴天的夜间，由于关闭放风口以及加盖不透明覆盖物，温室内可维持较高的温度，温室内外温差较大，温室内的暖湿空气遇冷凝结形成水滴，附着在薄膜的内表面，整个夜间相对湿度高，且变化小，最高值出现在揭开草帘后十几分钟。日出后，温室的温度逐渐升高，饱和水气压剧增，室内的空气相对湿度逐渐下降，最小值通常出现在14～15时，温室内空气相对湿度变化较大，可达20%～40%，且与气温的变化规律相反，室内的气温越高，空气的相对湿度越低，气温越低，空气的相对湿度越高。晴朗白天温室温度较高，室内又经灌溉，因而湿度较大的情况下，要利用放风降湿，而在高温季节要早放风，大放风，晚闭风。

由于温室的空气湿度大，温室内的土壤湿度也比同样条件下的露地土壤湿度大。土壤水分的蒸发量是决定土壤湿度的主要因素，温室内土壤水分蒸发量与太阳辐射量成直线关系，太阳辐射量高，土壤蒸发量就大。可采用地膜覆盖、膜下暗灌减少土壤水分蒸发。畦间作业道可覆盖稻草，既可减少土壤水分蒸发，又可吸收空气中的水分。

土壤水分主要受人为灌溉因素的影响，应采用垄或高畦沟灌。一般选晴天上午灌水，每次浇半沟水，灌水后要通风换气，降低室内空气湿度。最好采用高畦双行，中间留灌水沟，畦面扣地膜，膜下沟灌，这种方法可减少水分蒸发，降低空气湿度；还可采用膜下滴灌，这种方式省水省工，灌水较均匀，不破坏土壤团粒结构，可保持良好的通气性。目前较好的灌水方式还有渗灌，在土壤耕层 10 厘米深处安放渗水管，作物根系可很快接触水源，地表较干燥，土壤耕作层则保持较湿润。

（4）气体条件及其调节　　二氧化碳是植物光合作用的原料，植物利用太阳能把二氧化碳和水合成有机物质。温室中尤其寒冷季节放风量小，放风时间短，造成温室内外的空气交换受阻，气体条件差异较大，主要表现在二氧化碳的浓度和有害气体上。二氧化碳浓度与植物光合作用强度成正相关。试验表明，如果把空气中二氧化碳浓度从 300×10^{-6} 提高到 $1\,000 \times 10^{-6}$，光合效率可增加 1 倍以上。如果二氧化碳浓度降低到 50×10^{-6}，光合作用几乎停止，时间长了会造成植物"饥饿"而死亡。白天空气中二氧化碳含量一般在 $（300 \sim 340） \times 10^{-6}$，并未达到蔬菜光合作用的饱和点，而在露地，由于大田是一个开放的系统，空气不断地流动，叶片周围光合作用消耗掉的二氧化碳可以得到及时补充，以保证光合作用需要。但冬季温室生产，为了保温，放风量很少，与外界气体交换也少，二氧化碳含量一天变化很大，夜间蔬菜呼吸放出的二氧化碳积累在温室中，加之土壤微生物活动以及有机物分解发酵释放大量的二氧化碳，二氧化碳的浓度逐渐增加，日出前一般可达 $（600 \sim 1\,000） \times 10^{-6}$，日出揭帘后，随温度的提高、光照的增加、光合作用的加强，吸收大量二氧化碳，其浓度急剧下降，特别是晴天，如果不通风，揭帘后 2 小时二氧化碳浓度可降到 100×10^{-6} 以下。开始放风后，二氧化碳得到室外大气的补充，浓度开始回升，达到或接近大气二氧化碳浓度。

日光温室内增施二氧化碳浓度达到 $（12 \sim 15） \times 10^{-4}$，蔬菜

增产幅度 $18\% \sim 44\%$，投入产出比为 $1:8 \sim 12$。因此调节温室内二氧化碳含量，增施二氧化碳气肥，是温室增产的有效措施。

增施二氧化碳肥常用的方法：①燃烧法。二氧化碳是通过燃烧液化石油气、天然气、煤油等产生，通过风扇吹散到室内各个角落。这种方法简单，经济有效，但易产生一氧化碳等有害气体，危害蔬菜。因此，在施用时一定要注意使燃料充分燃烧。②化学法。常用碳酸氢铵与硫酸反应产生二氧化碳，先将浓硫酸铵水与浓硫酸按 $4:1$ 的比例一次稀释出 $3 \sim 5$ 天的用量。注意稀释时一定要先放水再加入硫酸，防止酸液溅出烧坏皮肤。将稀释后一天用量的硫酸分成 10 份，放在 10 个容器内。容器放置高度 1.2 米左右。将每天用的碳酸氢铵分成 10 份，分别投放到 10 个盛酸的容器中，使之反应，释放出二氧化碳。注意投放碳酸氢铵时要小心，避免硫酸溅出。反应剩余物应合理处理。现在也有特制的容器，将碳酸氢铵、浓硫酸放入，产生的二氧化碳用管路在温室内释放，效果较好。

苗期、生长期和结果期施用二氧化碳都有效果。一般果菜类主要是开花结果后施用，直到产品收获结束前一周停止施用。温室在揭帘后半小时开始施放。二氧化碳施放浓度应达到 $600 \sim 1\,500$ 微升/升较为合适，阴天 $500 \sim 800$ 微升/升，雨雪天气一般不能施放。增施二氧化碳之后，要相应地加强肥水管理，加大昼夜温差，适当控制营养生长，还应进行根外追肥，以补充吸肥量不足。

（5）温室中易产生的有毒气体

氨气。温室中有机肥料发酵或施用碳酸铵挥发产生的氨气。当空气中氨气含量超过 5×10^{-6} 就可危害蔬菜。氨气主要危害叶片，使叶片逐渐变褐，最后枯死。大量施用未腐熟的有机肥或过多施用尿素和碳酸铵等化肥及土壤呈碱性时，均易引起氨气挥发，造成氨气危害。在生产上，应避免大量施用未腐熟的厩肥、鸡粪和人粪等有机肥。施用化肥时一定要注意适量，施肥后及时盖土，多浇水，以抑制氨的挥发。注意调整土壤酸碱性，防止土壤过于偏碱或偏酸，加强放风，以排除氨气。

二氧化氮。二氧化氮又称亚硝酸气体。大量施用氮肥或使用过多的硝酸铵，难以进行硝化作用时，特别是酸性土壤，当土壤pH5以上，便在土壤中挥发出亚硝酸气体，当空气中浓度达$(2.5\sim3)\times10^{-6}$，使蔬菜作物受害。亚硝酸气体通过气孔侵入叶肉组织，开始是气孔周围组织受害，最后使叶绿体受到破坏，先是褪绿，然后出现白斑，浓度高时，叶变为白色枯死。

乙烯和氯气。温室内乙烯和氯气主要来源于有毒的塑料薄膜或塑料管，因为这些塑料制品原料是聚乙烯树脂、增塑剂或稳定剂。增塑剂是由邻苯二甲酸二异丁酯制成的塑料产品，经阳光暴晒，可挥发出有毒气体，特别是邻苯二甲酸二异丁酯本身不纯，含有部分低沸物，挥发性较强。受害蔬菜叶绿素解体而变黄，重者叶缘或叶脉变成白色而枯死。因此，使用塑料薄膜必须是安全无毒。

有害气体的危害症状见表3-1所示。

表3-1　有害气体危害症状

有害气体	发生原因	症状表现
氨气	直接和间接产生氨气的肥料施在地表	危害近地表的老叶，被害处发生褐色病变
亚硝酸气	连续大量地施用化肥，土壤严重酸化和积盐	新生叶畸形或部分坏死，成熟或未成熟叶背产生褐色斑点
亚硫酸气（急性）	热风炉燃烧含硫量高的煤炭，排放的气体逸散到大棚或温室里	出现白斑
亚硫酸气（慢性）		叶脉间黄化，叶背可见到明显的褐色斑点
一氧化碳（急性）	热风炉燃烧不完全大量产生"煤气"	叶脉间一部分褪绿，呈不规则形
一氧化碳（慢性）		比亚硫酸气急性中毒产生的白斑小
增塑剂挥发	扣盖的塑料棚膜添加了不合要求的增塑剂	一种是像缺镁样的症状，一种是引起叶片黄化

（6）土壤条件　日光温室是在完全覆盖的条件下进行生产的，大量施用肥料，只靠人工灌溉，没有雨水淋洗，很容易积累盐分。而且温室内的温度高，土壤水分蒸发剧烈，带着盐分上升到地面，水分蒸发后，盐分便积累在土壤的表层，使土壤的盐分常常处于聚集状态，下部的盐分也在不断积累。尤其是在大量施用速效氮肥时，这种现象更为严重。在土壤盐分浓度高的情况下，土壤渗透压增大；蔬菜吸水困难，引起蔬菜缺水，严重时会引起反渗，植株萎蔫。土壤盐分浓度过高，会造成土壤元素之间相互干扰，使某些元素吸收受阻。

因此，在夏季温室闲置季节，要除去前屋面的薄膜，让雨水淋洗土壤，或用清水冲洗，在定植前要深翻土壤，多施有机肥，减少化肥的施用量。

2. 冬春茬南瓜日光温室立架栽培

（1）栽培设施　采用日光温室加地膜双层覆盖模式，日光温室东西长度50～70米，矢高2.6～3米，南北跨度7～8米，采用钢筋无前柱式薄膜日光温室，这种温室结构牢固，透光性强，可最大限度减少温室内作业的障碍。

（2）品种选择　利用日光温室栽培南瓜的目的是使南瓜提早上市，淡季供应，因此应尽量选用中早熟品种，适于日光温室立架栽培的品种有旭日南瓜、碧玉栗南瓜、青香玉南瓜等。

（3）育苗技术

播期确定：播期主要根据日光温室的保温性而定，采光好、保温好的日光温室可在11月下旬播种育苗，第二年3月中旬收瓜，反之播期可往后延至第二年的1月。采用以上所述日光温室，一般在12月下旬至翌年1月上旬播种育苗。

苗床准备：苗床应设在日光温室的中部，宽1.5～2.8米，长根据实际需苗数而定。采用火炕或地热线控制地温，营养钵采用塑料钵为好。营养土选没有种过瓜类作物的沙壤土与腐熟农家肥按7∶3的比例掺匀，然后每立方米营养土再掺入2.5%辛硫磷 50～60 克，75％敌克松可湿性粉剂 80～100 克，硫酸钾复合肥 1 000 克（或硫酸钾 500 克，硫酸二铵 500 克），过筛并充分拌匀后装入直径 10 厘米的营养钵中，或在每立方米营养土中只加 270 克多元壮苗素，苗壮苗齐，效果非常显著，应予推广。营养土装钵后，在苗床上摆放整齐备用。

浸种催芽：浸种前，选晴好天气晒种二三天，借阳光中的紫外线杀死种子表面病原菌；也可直接用 1％的高锰酸钾溶液或 40％的多菌灵 500 倍液、40％的甲醛 100～150 倍液浸种 10 分钟，捞出洗净，放入 55℃左右的温开水中，并不断搅拌至常温，浸泡 4～6 小时后充分清洗，取出沥干，然后用湿纱布包好，在 28～30℃条件下催芽 36～40 小时，待种子露白后即可播种。

播种及床温控制：苗床在播前 2 天干水，选择好天气播种。播时将催好芽的种子平放在营养钵中，不可直立播放，以免种子"带帽"出土。播后覆土 1～1.5 厘米，不可太厚，以免影响出苗，然后覆盖地膜，再撑小拱棚，如需要，夜晚可扣盖草苫保温。出苗前温度控制在 28～30℃，出土后撤去地膜，白天温度 22～25℃，夜晚 15～17℃，幼苗健壮不易成高脚苗，但温度也不可太低，低温高湿易引起沤根和猝倒病。第一真叶伸展后，胚轴较老不易徒长时，白天温度可提高到 25～28℃，夜温 16～18℃。遇较长时间阴雪天气，每立方米可安一盏 200 瓦电灯补光增温，可避免寡照低温危害。床土以见干见湿为度。定植前五六天低温炼苗，白天温度可降至 20～22℃，夜温降至 10～15℃，严格控制湿度，使幼苗得到锻炼，以适应定植后的环境。

适期定植：苗龄以 2 叶 1 心至 3 叶 1 心为定植适期。过晚定植伤根严重，植株生长恢复慢。定植时选晴好天气，定植后不可大水漫灌，以免地温过低，引起沤根死苗，通常采用点水或小水轻浇，并及时扣上小拱棚，以提高地温，促进发根缓苗。

定植方法：南瓜立架栽培采用南北向宽窄行种植，有利通风透光，且便于人工操作。畦面宽行距离 100 厘米，沟边窄行距离

60 厘米，平均行距 80 厘米，株距 35～45 厘米，每亩栽种1 800株左右。定植时，距畦边 10 厘米处开穴，深 10 厘米，穴底撒施硫酸钾复合肥 10 克；将瓜苗带土坨轻放穴内，浇足水，栽后不要急于封土，应于下午 2～3 时穴温提高后再以热土封穴。定植后用黑地膜全覆盖，并开口将瓜苗放出。

（4）定植后管理

插架或吊蔓：当小拱棚内的幼苗已伸蔓显得拥挤，温室内最低气温又在临界温度 5℃以上时，即可撤去小拱棚，进行插架或吊蔓。插架可用 2 米左右的竹竿或树棍。架材结实，可插成单排架；架材不结实，可插成人字形架，一株一根架材。主蔓上架，基部侧蔓爬地，当主蔓长达 40 厘米左右，即可绑蔓；以后每隔30 厘米绑一次蔓，对长势过旺者，可采用曲折绑蔓的方法控制长势。也可采用吊蔓的方式，即在瓜苗上方 2 米处南北向拉钢丝，从钢丝上引起 2 条引绳（材料可用塑料绳），其中一条引绳待瓜秧长至 20 厘米时，将瓜秧缠上，另一条待幼瓜坐住至 1 千克左右时，用绳圈或网兜托住吊起，以防瓜大坠落。这样植株可利用立体空间充分生长，发挥增产潜力，获得高产。

整枝打杈：日光温室冬春栽培时，因生长前期光照差、温度低，植株生长势弱，通常坐第一果时无需整枝打杈。对于生长势强的植株，可让其基部侧蔓爬地生长，长至 30～40 厘米即可摘心；对主蔓中部侧枝，坐瓜节以下的侧枝可打杈。对于一般植株，待坐第二瓜，枝叶密蔽，严重影响光合作用时，再行整枝打杈。

温度管理：北方温室冬春栽培南瓜，苗期正处于全年日照最短、温度最低的寒冬腊月，栽培难度极大，低温寡照成了限制南瓜生长的主要因子。因此，如何增加光照，提高温度以及维持温度，是栽培成功的关键。在跨度 7～8 米的日光温室内，为增加采光面，其屋脊不得低于 3 米；后墙还可悬挂反光幕，以增强室内光照；选用透光性能好的 EVA 无滴膜（乙烯—醋酸乙烯聚合物）作棚膜；经常清扫棚膜灰尘，保持棚膜清洁透光。保温主要是增加墙体厚度（不小于 1 米），挖防寒沟以及用保温性能好的覆盖物等。棚膜上可覆盖 2 层草苫或 1 层草苫 1 层纸被，在北纬43°地区，采用棉被或化纤毛毯，保温效果更好。植株生长前期，一方面要防止低温高湿引起的沤根、猝倒病，另一方面又要防止高温高湿以及弱光引起的植株徒长。温度管理方面，生长前期（指定植到第一果坐牢），白天温度以 25℃ 为宜，夜间 16～18℃；生长中后期（指坐果至成熟），白天温度可提高到 27℃，夜温17℃，加速果实生长发育，以利早熟高产。

肥水管理：幼苗定植缓苗后浇一次缓苗水，在开花授粉前通常不再浇水。待第一个瓜坐住有鸡蛋大小时，开始浇水追肥，亩施磷酸二铵 50 千克，硫酸钾 35 千克，分 2 次施入，以水带肥，加速瓜膨大。采收前五六天停止浇水，以利提高瓜的品质和贮运性，采第一茬瓜后，再浇水追肥，以利第二茬瓜生长。根外追肥投入少，效益高，可在南瓜坐瓜后用 0.3% 磷酸二氢钾喷洒叶面，每隔 5～7 天喷一次，连喷 3～4 次。

施放二氧化碳气肥：立架栽培南瓜因为种植密度大，光合作用强，二氧化碳的供应相对不足，单靠通风解决不了光合作用对二氧化碳的需求，因此温室内必须追施二氧化碳气肥。施放时间在雌花开放后晴天上午 9～10 时，用碳酸氢铵与硫酸反应法或燃烧二氧化碳气棒，连续使用，可显著提高南瓜产量和含糖量。

人工辅助授粉及护瓜：授粉温度白天以 25℃ 为宜，不得超过 28℃，以免高温徒长引起化瓜；授粉时间以上午 9 时以前为佳；授粉时用雄花花粉将雌花柱头抹匀，授粉量要大，以 1 朵雄花授 2～3 朵雌花为宜；如遇阴雨天不易坐瓜时，可用坐瓜灵帮助坐瓜。当瓜长大后需及时护瓜，为防止瓜沉下滑，可用塑料绳拴牢瓜柄吊起，或用网袋套住，草圈、硬纸板等物托住均可。搭架栽培瓜着色均匀，艳丽美观，商品性好，售价高。

病虫害防治：日光温室南瓜立架栽培的病虫害防治要以预防

为主，综合防治。预防病害应加强通风透光，增施有机肥，保持植株健壮生长，同时适量喷药，以波尔多液为主，每 10～12 天喷一次，花前喷 240 倍等量式波尔多液，坐瓜后喷 200 倍等量式波尔多液，如病害已发生，可针对病害种类选择其他高效低毒杀菌剂。常见的病害有炭疽病、疫病、霜霉病等，可用百菌清烟雾剂防治，对于枯萎病应及时拔掉病株，拿到室外烧毁，对带病的土壤应及时撒上生石灰消毒。

害虫主要是蚜虫和白粉虱等，可采用敌敌畏烟剂熏杀，22％的敌敌畏烟剂用量为 990～1 320 克/公顷。

（5）适时采收　冬春茬栽培以提早上市，增加淡季蔬菜的花样品种为主，所以只要瓜达到商品性状的要求时，就可采收上市。

3. 冬茬日光温室南瓜栽培　为了填补秋冬南瓜供应的空白，可利用日光温室进行秋冬茬栽培。

（1）播种期确定　秋冬茬日光温室南瓜产品上市期应避开秋季塑料大棚南瓜产量高峰，延晚上市，填补冬季市场的空白。直播栽培，播种期应在 8 月下旬至 9 月上旬；育苗移栽，可在 8 月中下旬播种，11 月上旬至翌年 1 月采收。

（2）品种选择　宜选用苗期抗热性强的品种。由于具备这种特性的品种目前还不多，通常选碧玉南瓜、旭日栗南瓜，这些品种较抗病毒病，品质佳，产量高。

（3）育苗　秋冬茬南瓜育苗期正处于高温多雨季节，育苗的关键是降温防雨。

整地：苗床应选择地势高燥、土质肥沃、排灌方便的地块或夏季休闲的温室，作成 1.5 米宽的畦，畦面耙平后撒施 3 厘米厚的有机肥，翻 10 厘米深，使肥料和土壤充分混合，划碎土块，耙平畦面，浇透底水，水下渗后用刀割成 10 厘米见方的营养土块。

浸种催芽：先用 55℃温水浸种 20 分钟，水温下降后继续浸泡 4～5 小时捞出，用清水反复漂洗干净，除去不饱满种子，用湿毛巾包好，放在 28℃左右的温度下催芽 36～40 个小时，即可出芽。

播种：种子处理后，待芽长到 0.2～0.4 厘米时，把种了播于营养土块中央，先用铲子挖 1 厘米深小坑，将种子平摆于小坑内，然后覆 1.5 厘米厚的营养土。

苗期管理：秋冬茬南瓜育苗期间温度较高，光照强，必须减弱光照度才能达到降温的目的。最好利用遮阳网，也可用喷雾器向薄膜表面喷黄泥浆，根据幼苗不同时期对温度的要求，用喷黄泥浆的多少进行调节。

幼苗期一般不需要浇水，干旱时可用喷壶浇水，浇水量不宜过大，控制水分防止幼苗徒长。同时要及时除草，定时防治蚜虫，以免传播病毒病，可用灭杀毙 6 000 倍液，每 7 天左右喷一次，定植前再集中喷一次。

（4）定植　定植前整平地面，每亩施腐熟有机肥 3 000～5 000 千克，有条件的可混入复合肥 20 千克，深翻、耙平，按 1 米行距开沟起垄，耧平垄面；幼苗三叶一心时定植，按 50 厘米株距将苗培摆入开好的沟（或穴）中，用少量土稳定苗坨，逐沟（或穴）浇水，水渗下后封埯。

（5）定植后管理

温度调节：这茬南瓜定植时，大多数地区外界温度尚能维持南瓜的正常生长，但当日平均气温达到 18℃时必须开始扣膜，到日平均气温降到 15℃时，必须扣完，再晚植株受到生物学零摄氏度的危害，表面虽无明显症状，但生长受到严重影响。当温室内温度夜间降到 10℃以下时，覆盖草帘，晚盖早揭。随着外界气温进一步下降，早晨揭苫时间适当延晚，午后室温降至 15℃时盖上草苫保温。

水分管理：定植缓苗后，不干旱时不浇水，浇水要隔沟浇，浇水后适时逐行松土培垄保墒。温室覆膜并浇水后，应加强放风，降低空气湿度。第一瓜坐住并开始膨大时，亩追尿素 20～30 千克，肥随水施。当表土干湿适宜时及时松土培垄。结果期间的水肥管理应根据植株长势进行。

其他管理：吊蔓与植株调整等管理与冬春茬栽培相同。秋冬茬南瓜由于生育前期温度较高，中后期温度低，对授粉不利，因此仍需进行蘸花和人工授粉，蘸花时可用 2,4 - D 或防落素，浓度为 50～100 毫克/升，人工授粉应在上午 9～10 时进行。

（6）采收 采收方法同冬春茬南瓜。由于秋冬茬栽培采收前期温度较高，应尽量提高采收频率。随着温度不断下降，果实发育逐渐趋于缓慢，应降低采收频率。

四、南瓜病虫害防治

（一）南瓜病害防治

1. 霜霉病 霜霉病俗称跑马干、黑毛病，是南瓜生产中的重要病害，特别是在保护地内，温湿度适宜时，仅半月时间就可造成叶片干枯，产量下降，甚至绝收。

（1）症状识别 本病主要危害叶片。发病初期叶片上先出现水渍状黄色斑点，病斑扩大后，受叶脉限制呈黄褐色不规则多角形病斑。在潮湿环境下，病斑背面长有灰黑色霉层。该病一般由下部叶片向上部叶片发展。发病重时，病斑连接成片，使叶片变黄干枯，易破碎。病田植株一片枯黄，似火烧一样，瓜瘦小，含糖量降低。

（2）侵染循环 该病由真菌侵染所致，病原菌可随季风或雨水从南向北传播，也可从保护地传播到露地，再由露地传回保护地，形成周年发病。

（3）发病条件 棚室内气温在 15～22℃，相对湿度大于83%时，易发病。叶面有水滴或水膜的时间达 2～6 小时，病原菌极易侵染叶片，形成病斑。当天气多雨、多露、多雾、阴雨天和晴天交替出现时，发病早而重。棚室内昼夜温差大、湿度高、夜间易结露水，或种植过密、缺乏肥料、浇水偏多、通风不良时，均可加重病害发生。

（4）综合防治技术

选用抗病品种：利用抗病品种可有效减轻霜霉病的危害，如碧玉、旭日、青香玉、京绿栗、京银栗等。

栽培防病：选择地势高、土质肥沃的沙壤地块种瓜，施足底肥，追施磷、钾肥。在生长前期适当控水。结瓜后严禁大水漫灌，并注意排除田间积水，及时整枝打杈，保持株间通风良好。

营养防治：对长势较差的瓜秧，可进行根外追肥，喷施叶肥如喷施宝、叶面宝、光合肥、抗旱剂、增产菌，也可试用 0.15 千克尿素加 0.5 千克红糖或白糖，对水 50 升，早上喷于叶面和叶背，每 5 天一次，均可增强植株抗病性。

药剂防治：霜霉病通过气流传播，发展迅速，易流行。喷药必须及时、周到和均匀，才能收到良好效果。根据历年发病时间，结合当地气候条件搞好预测，要求在发病前 7 天左右即开始喷药。发现病株要结合摘除病叶喷药防治。常用药剂有 40％乙磷铝可湿性粉剂 250 倍液或 64％杀毒矾可湿性粉剂 500 倍液、杜邦克露可湿性粉剂 600～800 倍液、75％百菌清可湿性粉剂 600 倍液、50％甲霜磷铜可湿性粉剂 500 倍液，初发病时在晴天上午喷雾，每隔5～7 天喷一次，连喷 3～4 次，每亩每次喷药液 50～70 千克。上述杀菌剂应轮换使用，以免产生抗药性。阴雨天时不宜喷雾。

2. 白粉病 瓜类白粉病俗称白毛病、粉霉病，是一种分布广泛危害较重的病害。我国南方和北方不论温室、大棚及露地栽培均有发生，多发生在结瓜期及成熟期。病害一旦发生，常发展迅速。若不及时防治，会导致瓜叶焦黄，致使果实早期生长缓慢，植株早衰，严重影响瓜的品质和产量。

（1）症状识别 此病主要侵染叶片、叶柄，茎蔓也常受害，果实受害较少。发病初期，叶片正面或背面长出小圆形白色粉状霉点，不久逐渐扩大成较大的白色粉状霉斑，以后蔓延到叶柄和茎蔓甚至嫩果实上。严重时整个植株叶片被白色粉状霉层所覆盖，叶发黄变褐，质地变脆。后期有时白粉层中出现散生或堆生有性世代的闭囊壳，先为黄色，后变成黑褐色小粒点。

（2）发病规律　该病由真菌浸染所致，病原菌可在病残体上越冬，也可在温室南瓜上越冬。病原菌借气流、雨水、农事操作等途径传播。

（3）综合防治技术

棚室消毒：定植前 5～7 天，每亩棚室用硫黄粉 500 克，与 1 千克干锯末混均匀后分装在几个塑料袋或花盆内，分放在棚室内，傍晚时分密闭棚膜，点燃熏蒸一夜，第二天放大风。熏蒸时，棚室内气温最好维持在 20℃ 左右，架杆等物也可放在棚室内同时消毒。

发病初期可用高脂膜或京 2B，兑水 30～50 倍喷雾，每隔 7～10 天喷一次，连喷 4 次，每亩喷药液 56～75 千克。也可用 0.2% 小苏打溶液喷雾，每隔 7～9 天喷一次，每亩每次喷药液 75 千克。

生物防治：用农抗 120 或农抗 BD-10，兑水 200 倍，在发病初期喷雾。每隔 7 天喷一次，连喷 2～3 次，每亩每次喷药 75 千克。

药剂防治：初发病时，用 20% 三唑酮乳油 1 500 倍液或 25% 三唑酮可湿性粉剂 2 000～3 000 倍液、15% 三唑酮可湿性粉剂 1 000 倍液、45% 硫黄胶悬剂 500 倍液、40% 多硫胶悬剂 1 000 倍液、20% 敌菌酮胶悬剂 600 倍液、40% 敌硫酮可湿性粉剂 800 倍液喷雾，每隔 7～9 天喷一次，连喷 2～3 次，每亩每次喷药液 75 千克。

烟剂防治：每亩每次用 10% 百菌清烟剂 300～400 克或 45% 百菌清烟剂 250 克、粉锈宁烟剂 300 克，在初发病时熏蒸。

3. 病毒病　瓜类病毒病又称花叶病，在我国凡是种植瓜类作物的地区几乎都有发生，特别是南瓜、西葫芦发病最早最重。北方地区以花叶型病毒为主；江淮地区近几年蕨叶型病毒发生较普遍。

（1）症状识别　侵染葫芦科的病毒有 10 多种，由于病原种类不同，所致症状也有差异。主要有花叶型、皱缩型、黄化型和坏死型、复合侵染混合型等。花叶型植株生长发育弱，首先在植株顶端叶片产生深浅绿色相间的花叶斑驳，叶片变小卷缩、畸形，对产量有一定影响。皱缩型植株，叶片皱缩，呈泡斑，严重时伴有蕨叶、小叶和鸡爪叶等畸形叶发生。叶脉坏死型和混合型植株，叶片上沿叶脉产生淡褐色坏死，叶柄和瓜蔓则产生铁锈色坏死斑驳，常使叶片焦枯，蔓扭曲，蔓节间缩短，植株矮化。果实受害变小、畸形，引起田间植株早衰死亡，甚至绝收。

（2）侵染循环　该病由病毒侵染所致。主要有 3～4 种病毒在南瓜上危害。因病毒的种类较多，越冬地点也较复杂，有的病毒可在多年生杂草或越冬蔬菜上越冬，有的病毒可在种子或土壤中越冬。借助蚜虫或白粉虱传毒，也可靠摩擦传毒，病毒能够侵染的寄主较多。

（3）发病条件　天气干旱、蚜虫发生严重时，发病重。温室白粉虱发生多，病毒病也重。田间杂草多、不能及时除草、水分供应不足、植株长势衰弱，发病也重。田间管理粗放、人为传播，都可加重病害发生。

（4）综合防治技术

种子处理：种子干热消毒，用干热恒温箱先以 40℃ 处理 24 小时后，再在 18℃ 下处理 2～3 天，可减轻种子带毒率。用 10% 磷酸三钠溶液浸种 20 分钟后，用清水洗净再播种，可使种子表面携带的病毒失去活性。

培育无病苗：选用无病土作床土，施用完全腐熟的有机肥作基肥，并严防蚜虫和白粉虱进入苗床危害幼苗和传毒。

防治蚜虫和白粉虱：定植前对幼苗进行一次喷药防治，做到幼苗带药定植。

加强栽培管理：及早铲除田间地头的杂草；采用配方施肥技术，适量增施磷、钾肥；及时浇水，防止干旱；结瓜后应带肥浇水。

防止人为传播：及早拔除病株，放入塑料编织袋内，带到棚室外深埋。手摸病株后应用肥皂洗手再进行农事操作。病株和健株应分别管理。

药剂防治：发病初期可用 20％病毒 A 可湿性粉剂 500 倍液或 1.5％植病灵乳剂 1 000 倍液、83 增抗 100 倍液喷雾，每隔 10 天喷一次药，连喷 2～3 次，每亩每次喷药液 50～60 千克。

注意事项：对于病毒病，目前尚无有效的化学药剂用于防治，一般采用预防为主的综合防治措施，种子消毒和消灭蚜虫、温室白粉虱，是防止传毒的关键措施。有条件的地方，苗期可用 S52 弱毒疫苗接种。

4. 疫霉病　瓜类疫霉病，简称疫病，俗称死秧病。发病后病株很快萎蔫死亡，是近 10 多年来危害瓜类的重要病害之一，对西瓜、甜瓜、西葫芦、南瓜等威胁很大。田间高温高湿易发病，尤其是大雨或暴雨、浇水过量、排水不良等，均会带来惨重的损失。

（1）症状识别　疫病病菌以侵害瓜根颈部为主，还可侵染叶、茎和果实。根颈部发病初期产生暗绿色水渍状病斑，病斑迅速扩展，茎基呈软腐状，有时长达 10 厘米以上，植株萎蔫青枯死亡，维管束不变色。有时在主根中下部发病，产生类似症状，病部腐烂，地上部青枯，叶片染病时则生暗绿色水渍状斑点，扩展为近圆形或不规则大型黄褐色病斑，天气潮湿时全叶腐烂，干燥时病斑极易破裂。严重时，叶柄、瓜蔓也可受害，症状与根颈部相似。果实染病生暗绿色近圆形水渍状病斑，潮湿时病斑凹陷腐烂，长出一层稀疏白色霉状物。

（2）侵染循环　该病由真菌侵染所致，病原菌随病残体在土壤中越冬。病原菌借助风、雨传播，侵染南瓜。条件适宜时，仅3～4 天时间发病部位又会出现新的病原菌进行再侵染。

(3) 发病条件　病菌发育的适宜温度范围为 5～37℃，最适为 28～30℃，旬平均气温在 23℃时田间瓜蔓开始发病，高湿（相对湿度 85％以上）是病害流行的决定性因素。我国北方地区6～7 月间有雷阵雨，雨后疫病大流行。南方地区，瓜类疫病在梅雨季节 5 月中下旬及 6 月上旬为发病高峰。当气温升高，瓜生长需水量大时，若以大水漫灌、串灌，瓜田畦面被水淹，疫病就会大发生；若浇水次数多，低洼处有积水不能及时排出，不仅对瓜生长不利，而且有利于病原菌传播和侵染，用渠水灌溉比用井水灌溉发病重。总之，湿度大是发病的首要条件。另外，瓜地连作或施用未充分腐熟的土杂肥作基肥、追施化肥时伤根严重等，常会导致疫病发生。合理轮作、选择沙壤土种瓜，发病轻。

(4) 综合防治技术

严格选地：选择 5 年以上未种过甜瓜、南瓜、黄瓜、西瓜的地块，以沙壤土或新荒地为好。做到秋季深翻，减少越冬菌源。

选用耐病品种并进行种子消毒：用 10％磷酸三钠或 0.1％高锰酸钾浸种 15 分钟后捞出，洗净后播种。

加强田间管理：采用高畦栽培，整平土地。灌水沟适当加深，一般沙土地开沟长 30 米，土质黏重者不超过 20 米，采用地膜覆盖种植，以促进瓜生长发育。施入充分腐熟的优质有机肥作基肥，每亩可施 11～1.5 吨。合理追施化肥，避免伤根，最好使用叶面喷施法或在浇瓜水沟内撒施化肥，增强植株的抗病性。

合理灌水：在有条件的地方，瓜地最好浇井水，尽量不要浇渠水，浇水的水位线应随着植株的生长和温度的增高而逐渐降低，瓜根颈部不能被淹，不能浸泡在水中，切忌串灌、浸灌，更不能水淹瓜蔓。炎热的夏季应在早、晚浇水为好，浇水次数应根据土质、地下水位和气温的不同而异，原则是苗期少浇，开花至膨大期适当灌水。灌水的水位线以瓜沟的 2/3 为宜，瓜沟内如有积水应及时排除。

清洁田园：病残体、病秧、病叶、病瓜要及时清出田外，集中深埋或烧毁。

药剂防治：根据预报，在病害即将发生时，可施用化学药剂灌根或喷雾。用50％甲霜灵锰锌可湿性粉剂500倍液或64％杀毒矾的可湿性粉剂400～500倍液、75％百菌清可湿性粉剂600倍液、60％百菌清可湿性粉剂400～500倍液、40％乙磷铝可湿性粉剂200～300倍液、25％甲霜灵可湿性粉剂500～700倍液、70％乙磷锰锌可湿性粉剂350倍液，每株灌药0.25升，隔7～10天一次。药剂应交替使用，以防产生抗药性。

5. 枯萎病　瓜类枯萎病，又称萎蔫病、蔓割病，分布于世界各产瓜区，是一种世界性瓜类土传病害，在我国南北方瓜区都有发生，以西瓜发病最重，南瓜次之，尤其是连作地发病严重，常造成全田毁灭。

（1）症状识别　本病于苗期、伸蔓期至结果期都可发生，以开花坐果期和果实膨大期为发病高峰，果实开始成熟时趋于稳定。其典型症状是萎蔫。幼苗发病，子叶萎蔫或全株枯萎，呈猝倒状；开花结果后发病，病株叶片逐渐萎蔫，似缺水状，中午更为明显，早晚尚能恢复，数日后整株叶片呈褐色腐烂，稍缢缩；茎基部纵裂，裂口处有时溢出琥珀色胶状物，将病茎纵剖，可见维管束呈黄褐色。在潮湿环境下，病部表面常产生白色及粉色霉状物，即病菌分生孢子。

（2）侵染循环　该病由真菌侵染所致，病原菌可在土壤中、病残体上、未经腐熟的肥料中及种子上越冬，在土壤中存活5年左右，借种子带菌进行传播。病原菌从南瓜根部侵入危害，根部受伤或有线虫危害的伤口，有助于病原菌侵染。

（3）发病条件　气温在24～28℃、相对湿度大于90％易发病。土壤偏酸、土质黏重、地势低洼、田间管理粗放、偏施氮肥及施用未经腐熟的有机肥、秧苗老化、大水浇灌或土壤过分干旱、连作、有线虫危害，都可加重枯萎病发生。

（4）综合防治技术

种子处理：播种前采用温汤浸种，在 55～60℃ 温水中浸种 20 分钟；药液浸种可用 40％ 甲醛 150 倍液浸种 30 分钟，也可用 50％ 多菌灵可湿性粉剂 500 倍液浸种 1 小时或 80％ 抗菌剂四〇二 2 000 倍液浸种 2 小时，然后用清水冲洗干净，催芽待播；若用药剂拌种，以干种子重量 0.2％～0.3％ 的敌克松或多菌灵拌种，也可用每 100 克增产菌拌种 1 000 克。另外，种子包衣也可防止病菌侵入。

实行轮作：与非葫芦科作物进行 5 年以上轮作，也可实行水旱田轮作。瓜田应尽量选择中性或微碱性沙壤土。

土壤处理：土壤深翻晒垡，重茬田采用移沟法对阴阳土进行交换。酸性土壤可施用消石灰或喷洒石灰水。有枯萎病史的田块，播前用五氯硝基苯或多菌灵、敌克松杀菌剂喷洒瓜沟，也可将药土施入播种穴，进行土壤消毒。

育苗土应选用非菜地、非瓜田土，加肥料配成营养土。最好采用营养钵育苗，苗子成活率高。

加强栽培管理：播前平整好土地，施足充分腐熟优质有机肥作基肥，灌足底水，适时早播。应掌握幼苗期少浇水，生长期根据苗情采用细流浇灌，严禁大水漫灌、串灌，田快积水要及时排出。追施肥料切忌伤根，氮、磷、钾肥应合理搭配或施瓜类专用肥，叶面喷施微肥能增强植株抗病性。合理整枝打杈，严防造成伤口过多，以减少土壤中病菌的侵入。

（5）药剂防治　发病初期药液灌根，可用 25％ 苯来特可湿性粉剂或 10％ 双效灵 200 倍液、25％ 多菌灵可湿性粉剂 400 倍液、70％ 敌克松可湿性粉剂 1 000 倍液、70％ 甲基托布津可湿性粉剂 1 000～1 500 倍液、40％ 瓜枯宁 1 000 倍液、60％ 百菌通可湿性粉剂 400～500 倍液、抗菌素一二〇200 倍液；也可用敌克松与面粉按 1∶20 配成糊状，涂于病株茎基部，有一定防病作用。

（6）交叉保护法　在寄主上接种一个致病力弱的菌株，由于该菌株与致病力强的菌株的拮抗作用，使致病力强的菌株侵染病体时降低或丧失致病力。

6. 细菌性叶枯病

（1）症状与发病规律　发病初期叶片开始出现圆形小水浸状褪绿斑，以后逐渐扩大成近圆形或多角形褐色斑，直径1～2毫米，周围有褪绿晕圈，病叶背面不易出现菌脓（这与细菌性角斑病有区别）。它还危害西瓜等瓜类蔬菜。主要危害叶片。

病菌不易在土壤中存活，主要通过种子带菌传播蔓延。此病在我国东北、内蒙古等地有所发生，设施内发病比露地重。

（2）防治措施　①选用抗病性较强的品种。②采种时选无病植株留种，以免种子带菌；播种前进行种子消毒处理。可用55℃水浸种15分钟，或用40%甲醛（福尔马林）150倍液浸种1.5小时；也可用次氯酸钙300倍液浸种0.5～1小时，或100万单位的硫酸链霉素500倍液浸种2小时。浸种处理完后冲洗干净再催芽播种。③加强2年以上轮作，育苗土不能带病菌，避免土壤带菌使幼苗或植株发病。④药剂防治可用农用（医用过期也可）链霉素（10万单位1支加水10千克）喷雾。发病初期可用50%DT（琥胶硫酸铜）可湿性粉剂500倍液或60%琥乙磷铝（DT米）可湿性粉剂500倍液喷雾。7～10天喷一次，连续喷3～5次。还可用细菌灵片、福美双、百菌通、甲霜铜、波尔多液、代森锌等药剂防治；还可用10%乙滴粉尘、5%百菌清粉尘、10%脂铜粉尘于发病前或发病期间防治，亩用药量约0.85千克，7天左右喷一次。

7. 灰霉病

（1）症状与发病规律　主要危害果实。被害果实多从开败的花上开始腐烂，并长出淡灰褐色霉层，然后向幼果蔓延，先在瓜尖再向上部扩展，使幼果变软、腐烂。被害的果实轻者生长停止，烂去果尖，重者整果烂掉。叶片上发病，大多以落下的病花为中心扩展，形成大型近圆形病斑，表面着生少量灰色霉层。烂花烂果脱落附着在茎蔓上，可引起茎蔓变褐、腐烂。

灰霉病是真菌性病害。灰霉病喜欢较低的温度和较高的湿度，发病适温为 20℃ 左右，空气湿度在 90％ 以上，易发病。气温高于 30℃ 低于 4℃，空气湿度在 90％ 以下时不易发病。北方春季阴雨天多，气温偏低时易发病。南方 3 月中旬以后，当气温在 10～15℃ 和多雨时病害发展迅速。病菌最易从植株伤口、萎蔫花瓣、衰弱和枯死组织侵入。病菌在病残体或土壤中越冬，翌年随气流、水溅和田间农事操作传播蔓延。

（2）防治措施 设施内注意通风排湿，使空气湿度在 85％ 以下，温度控制在白天 26～30℃，以减少病害的发生。采用高畦地膜覆盖栽培，灌暗水，有条件的可采用滴灌，不漫灌，防止田间湿度过大。设施内提高温度达 33℃，可抑制病菌产生。日常管理中及时摘除病叶、病花、病果和黄叶，并清理干净随时深埋或烧掉。换茬时彻底清除田间病残体。

药剂防治可用多菌灵、代森锌、百菌清、甲基托布津、扑海因、抗霉威、福美双、速克灵等喷雾；也可用百菌清烟剂、速克灵烟剂熏烟；还可用杀霉灵粉尘、灭克粉尘、百菌清粉尘等喷粉防治。

8. 炭疽病

（1）症状与发病规律 苗期和成株均可发病。子叶期发病，在叶边缘出现黄褐色半圆形病斑，稍凹陷。成株危害时，叶片上出现水浸状病斑，并逐渐扩大为近圆形、棕褐色，外圈有一圈黄晕斑，典型病斑 10～15 毫米，病斑多时连片成为不规则斑块，湿度大时病斑上长出橘红色黏质物，干燥时病斑中部有时出现星状破裂或脱落穿孔，甚至叶片干枯死亡。叶柄或茎上的病斑常凹陷，表面有时有粉红色小点，病斑由淡黄变为褐色或灰色，病斑如蔓延至茎的一圈，茎蔓即枯死。瓜条上染病初期呈淡绿色水浸状斑点，很快变成黑褐色，并不断扩大且凹陷，中部颜色较深，上部有许多小黑点，当湿度大时，病斑呈蛙肉状，后期表面产生粉红色黏稠物，常开裂，病果弯曲变形。

炭疽病是真菌性病害。适宜发病的温度范围较大，在 10～30℃均可发病。病菌在 8℃以下 30℃以上停止生长，24℃最适病菌生长。湿度大时发病严重，特别是在 95％以上，发展迅速，湿度小于 54％时不发病。病菌可随病残体在土壤中越冬，也可附着在种子表面，田间架材和设施也可带菌，这些均是来年病害的初浸染源。在多湿的保护地和露地雨季发病较多。有的地区已上升为主要病害。

（2）防治措施

种子消毒：用 50～55℃温水浸种 15 分钟或用 40％甲醛（福尔马林）150 倍液浸种 1 小时、50％代森铵 500 倍液浸种 1 小时、冰醋酸 100 倍液浸种 30 分钟，然后用清水冲洗干净再催芽。

栽培措施：育苗时注意床土卫生和消毒，可用多菌灵消毒床土，并用百菌清烟剂熏温室、农具、架材等；培育壮苗，提高幼苗的抗病性；多施磷、钾肥，经常进行叶面施肥，增强植株抗性；及时清除病叶和病株，换茬时要清除干净残茬；发病重的地块进行 3 年轮作。

药剂防治：可用 50％适菌丹 1 000 倍液或 20％代森锌 200～300 倍液、70％的代森锰锌 1 000 倍液、80％炭疽福镁 800 倍液、50％甲基托布津可湿性粉剂 600 倍液、75％百菌清 700 倍液、50％苯菌灵粉剂 1 500 倍液、50％多菌灵粉剂 500 倍液、双效灵 300 倍液等，每 7～10 天喷洒一次，连喷 3～4 次，各种药剂可轮替使用。还可用 2％农抗 120 水剂 200 倍液或 2％武夷菌素 150～200 倍液喷洒。在保护设施内可用 5％百菌清粉尘或 5％克霉灵粉尘、12％克炭灵粉尘进行喷粉防治，效果更好。

9. 苗期猝倒病

（1）症状和发病规律　猝倒病俗称卡脖子、小脚瘟等。子叶期幼苗最易染病。初染病时茎下部靠近地面处出现水浸状病斑，很快变成黄褐色，当病斑蔓延到整个茎的周围时，茎基部变细线状，常常是子叶还未凋落，苗就出现成片倒状而死亡。湿度大时病株附近长出白色棉絮状菌丝。

猝倒病是真菌性病害。病菌生长的适宜地温为 15～16℃，温度高于 30℃受到抑制。适宜发病的地温为 10℃。育苗期出现低温、高湿时易发病。病菌可在有机质多的土壤中或病残体上营腐生生活，并可成活多年，是猝倒病发生的主要浸染源。病菌靠土壤水的流动、农具及带菌堆肥等传播蔓延。一般在子叶期最易发病。子叶期胚中养分已耗尽，真叶还未长出，新根未扎实，胚轴还未木栓化，此时遇不良天气，最易感染病害。特别是育苗设施内通风不良，阴、雨、雪天又不揭不透明覆盖物，使幼苗养分消耗过多、生长弱、幼苗过于幼嫩时，更易发生。苗床灌水后最易积水或棚顶滴水处最先出现发病中心。3 片真叶后发病较少。猝倒病是冬春季育苗期较易发生的病害。

（2）防治措施　育苗应选择地下水位低、排水良好的地做苗床，施入的有机肥要充分腐熟。可采用快速育苗、营养土方育苗、营养钵育苗、无土育苗等相结合的方法。种子要消毒。育苗期间创造良好的生长条件，增强幼苗的抗病能力。苗床要整平，有机肥要充分腐熟。幼苗开始出土后加强通风换气，降低湿度，及时中耕培土，提高地温，促进根系发育，增强幼苗抵抗力。育苗期间苗床温度控制在 20～30℃，地温保持在 16℃以上。出苗后尽可能少浇水，必须浇水时宜选择晴天进行，忌大水漫灌。连阴雨天气要揭去不透明覆盖物。育苗中在温度保证的情况下要坚持中午前后进行短时间通风换气。如果保护地内温度过低，无法进行通风时，可采取临时加温的方法，提高保护设施内的温度，再进行通风换气。连阴天后突然大晴天应采取"回席"管理。

床土消毒：沿用旧土时，可用甲霜灵、代森锰锌、多菌灵等药剂消毒。药剂消毒可采取浇底水的方式，在底水基本渗入时喷灌到育苗畦或育苗钵中；或将农药与细土拌匀，当底水浇好水渗下后，将药土撒在畦面上，播种后也可用药土覆盖。

药剂防治：苗床未发病前可用多菌灵、百菌清等药剂预防。发病初期可喷洒 25％甲霜灵 800 倍液或 72％普力克 400 倍液、64％杀毒矾 500 倍液、40％乙磷铝 200 倍液、25％瑞毒铜 1 200 倍液、多菌灵 500 倍液、75％百菌清 600 倍液等药剂，也可直接用药液浇灌，尽快清除病苗和周围的病土，在病部灌药。

10. 南瓜斑点病

（1）症状　危害叶片和花轴。叶斑圆形至近圆形或不定形。叶缘黑褐色，病健部交界处呈湿润状，湿度大时斑面密生小黑点，严重的叶斑融合，致叶片局部枯死。花轴或花染病呈黑色湿润状，或黑褐色腐烂。

（2）病原　正圆叶点霉，属半知菌类真菌。分生孢子器散生或聚生，球形至扁球形，黑褐色，具孔口，直径 80～104 微米；分生孢子椭圆形，有的一端稍狭细，单胞、无色，大小 5～7 微米×2～3 微米，成熟时分生孢子自孔口呈卷须状涌出。

（3）传播途径和发病条件　以分生孢子器或菌丝体随病残体遗落土中越冬，翌春以分生孢子进行初侵染和再侵染，借雨水溅射传播。该病华南始见于 5 月后高温多湿季节，北方多见于 8、9 月份。高温多湿是发病的重要条件，地势低洼或株间郁闭通透性差发病重。

（4）防治方法　避免在低洼地种植，注意改善株间通透性。发病初期及时喷洒 70％甲基硫菌灵可湿性粉剂 800 倍液或 75％百菌清可湿性粉剂 800 倍液、40％多·硫悬浮剂 600 倍液、40％甲基硫菌灵·硫黄悬浮剂 600 倍液、50％异菌脲可湿性粉剂 1 000 倍液。注意喷匀喷足，隔 10～15 天一次，连续防治 2～3 次。最后一次施药距收获前 15 天。

（二）南瓜虫害防治

1. 蚜虫　蚜虫又称蜜虫、油虫、腻虫、蚁虫、油汗等，是蔬菜生产中发生最普遍、危害最重的一种害虫，也最难防治。

（1）形态特征　成虫体长 1.5～2.6 毫米，分有翅和无翅两种类型。体色因种类不同和季节变化，有黄色、黄绿色、灰绿色、墨绿色、红褐色等类型。头部较小，腹比较大，呈椭圆球状。

（2）发生规律　在露地南瓜一年有 2 个发生高峰期，即 5～6 月和 9～10 月，平均气温在 23～27℃，相对湿度在 75%～85% 时，繁殖最快，危害最重。由于保护地面积逐年扩大，保护地内温度及湿度条件又适合蚜虫生存危害，所以形成保护地到露地，又从露地迁回保护地的周年危害方式。

（3）危害特点　成蚜和幼蚜群集在植株嫩叶及生长点吸食植物汁液，受害部位出现褪绿小点，使叶片卷曲变黄，重者枯萎，造成植株全身失水，营养不良，生长缓慢，甚至枯死。蚜虫还可分泌出一种蜜露，阻碍植株正常生长，又可诱发煤污病。更为严重的蚜虫还是多种蔬菜病毒的传毒媒介，导致蔬菜病毒病发生，造成更大的经济损失。

（4）综合防治技术

清洁田园：早春杂草萌发之际，喷洒除草剂灭除田间地边杂草。南瓜收获后，应及时清除田间残枝败叶及杂草，深埋或烧掉。

培育无蚜虫壮苗：在育苗期就要采取各种措施避免受到蚜虫危害。有条件时，可采用带药定植的方式。

棚室内灭蚜：在棚室内定植前，每亩先用 10% 杀瓜蚜烟剂 300～350 克或 22% 敌敌畏烟剂 500 克，傍晚时分密闭棚膜熏蒸，杀死棚室内残留蚜虫；也可在花盆内盛上锯末、稻草等物，再洒上敌敌畏，用几个烧红的煤球点燃，进行熏蒸。每亩棚室可用 80% 敌敌畏乳油 0.25～0.4 千克，第二天早上通风，然后再定植。

驱避蚜虫法：可利用银灰色薄膜驱避蚜虫。地膜覆盖时，按铺膜要求整好菜地，用银灰膜代替地膜，然后定植。也可用银灰膜代替普通膜覆盖小拱棚，或在小拱棚上拉银灰膜条。还可用银灰色遮阳网覆盖。

诱杀法：可用长1米、宽0.2米的纤维板或硬纸板先涂一层黄色广告颜料或黄色油漆，干后再涂一层有黏性的黄色机油，插到田间，高出作物39～60厘米，每亩插32～34块，每隔7～10天重涂一层机油。

药剂防治：可用80％敌敌畏乳油1 000～1 500倍液或30％乙酰甲胺磷乳油1 000～1 500倍液、50％辛硫磷乳油1 000倍液、50％马拉硫磷乳油1 500倍液、25％喹硫磷乳油2 000倍液。也可用2.5％功夫乳油3 000～5 000倍液或10％天王星乳油3 000～4 000倍液、20％氰戊菊酯乳油2 000倍液、25％溴氰菊酯乳油2 000～3 000倍液。还可用20％菊马乳油2 000倍液或25％乐氰乳油1 500倍液、60％敌马乳油1 000倍液、21％灭杀毙乳油3 000倍液、40％菊杀乳油2 000倍液。上述药剂可在蚜虫初发生时喷雾，每亩每次喷药液50～75千克，酌情防治2～3次。

2. 温室白粉虱　温室白粉虱，俗称小白虫，小白蛾。

（1）形态特征　成虫体长1～1.5毫米，淡黄色，翅面覆盖白色蜡粉，翅端半圆形。卵长0.22～0.26毫米，长椭圆形，有卵柄，长约0.02毫米，初产时淡绿色，覆有蜡粉，孵化前呈黑色。幼虫长卵图形，扁平，淡黄绿色，体表具长短不齐蜡质丝状突起，共3龄。伪蛹实际是第四龄幼虫，长0.7～0.8毫米，椭圆形，黑色，无刺，体背有11对蜡质刚毛状突起。

（2）发生规律　在北方温室条件下每年可发生10多代，世代重叠。冬季在室外不能存活越冬，只能在温室内越冬或继续繁殖危害，无滞育或休眠现象，翌年春季移栽菜田传带或成虫迁飞出温室，成为露地瓜菜的虫源。露地白粉虱于春末夏初数量上升，夏季高温多雨时虫口有所下降，秋季迅速上升至高峰，10

月中下旬以后逐步进入温室。在北方，由于温室、大棚和露地瓜菜生产期衔接，使白粉虱可全年发生。

雌虫一生可产卵 150～300 粒，且存活率高，经 1 代后，种群数量激增，是严重危害的主要原因。在南方，夏季气温在 30℃以上，卵、幼虫死亡率高，成虫寿命短，产卵少，故一般发生较少。

白粉虱以两性生殖为主，孤雌生殖的后代为雄性；成虫飞翔力较弱，对黄色有强烈的趋性，忌避白色、银灰色。喜群集于嫩叶背面危害产卵，卵多散产在叶背，以卵柄从气孔插入叶片组织中。初孵若虫在叶背短距离爬行，当口针插入叶组织即开始固定危害，直至成虫羽化。因为成虫有选择嫩叶产卵的习性，故植株上部嫩叶为新产卵，越往下虫龄越大。

（3）综合防治技术

培育栽植无虫苗：育苗前彻底清除苗房中的残株、杂草，通风口设尼龙纱网，防止外来虫源。温室、大棚周围种植十字花科蔬菜，让瓜地远离温室和拱棚。

药剂防治：在白粉虱发生初期，用 25%扑虱灵可湿性粉剂 1 500～2 000 倍液，或 2.5%天王星、2.5%功夫、20%灭扫利乳油 2 000～3 000 倍液，或 25%敌杀死、20%速灭丁乳油 2 000 倍液，或 50%二嗪农乳油、50%马拉硫磷乳油、40%乐果乳油 1 000 倍液，对成虫、若虫、卵均有效。

生物防治：人工繁殖释放丽蚜小蜂，当保护地蔬菜上白粉虱成虫平均 0.5～1 头/株时，释放丽蚜小蜂黑蛹 3～5 头/株，每隔 10 天左右放一次，共放蜂 3～4 次，寄生率可达 75%以上，控制效果良好。

黄板诱杀：白粉虱成虫有趋黄色的习性，放置长 1 米、宽 0.1 米的橙黄色硬纸板，涂上橙黄油漆，罩塑料膜，再涂一层 10 号机油加少量黄油（以容易涂开又不易满下为度），放置于行间，每亩放 30～40 个。当粘满虫或尘土时，重涂黏油。

3. 美洲斑潜蝇 斑潜蝇有很多种，危害瓜类的主要是多食性斑潜蝇，目前在我国危害较重的除美洲斑潜蝇外，还有南美斑潜蝇、番茄斑潜蝇等，其中以美洲斑潜蝇传播快，发生普遍，危害严重，是检疫对象。

（1）形态特征 成虫体长 2～2.5 毫米，中胸背板亮黑色，头部，包括触角和颜面为鲜黄色，复眼后缘黑色，外顶鬃着生处黑褐色，触角第三节小圆，有明显小毛丛。中胸侧片以黄色为主，有大小不定黑色区域，腹侧片大部分为一大黑三角区域覆盖，此区总有一黄色宽边，中胸背板每侧有背中鬃 4 根，中鬃排列不规则。足基节和腿节鲜黄色，胫节和跗节较黑，前足黄褐色，后足黑褐色，腹部大部分黑色，各背板边缘有宽窄不等黄色边。翅腋瓣黄色，边缘及缘毛黑色。翅长 1.3～1.7 毫米。雄性外生殖器其阳体色深，精泵褐色，叶片两侧边稍不对称。卵长0.2～0.3 毫米，宽 0.1～0.15 毫米，椭圆形。1 龄幼虫几乎透明，2 龄幼虫黄色至橙黄色，3 龄老熟幼虫约 3 毫米，是 2 龄的4～5 倍。围蛹，浅橘黄色。后气门着生于锥形突上，每例有 3个指突，中间指突较短。

（2）发生规律 此虫对温度变化较敏感，喜暖怕冷，温度29～30℃适合其生长发育，30℃以上死亡增加。春末夏初，气温上升，生长速度加快，危害加重，夏季完成一世代需 15 天左右。以夏秋季危害最重，冬春季较轻，遇温度 35℃以上持续约 1 周，生长发育受抑制。田间幼虫有自然死亡现象，也有寄生蜂寄生。5～10 月份发生盛期出现 2 个高峰期，第一次 5 月上旬至 8 月上旬，第二次在 9 月中旬至 10 月下旬，第二次为最高峰。

夏秋季卵历期 2 天，幼虫期 6 天，幼虫老熟后咬破隧道上表皮爬出道外化蛹，一般落地化蛹，也有在叶片表面化蛹的。蛹期约 8 天，成虫上午 9～11 时、下午 14～16 时活动较强，卵孵化和成虫羽化大都在此阶段。成虫羽化后，当天开始交尾，翌日即可产卵，卵多产在叶片背面，每雌虫产 400～500 粒，产卵时刺伤叶片，将卵产于上下表皮叶肉中，成虫多在刺伤处吸取植株叶片的汁液，在叶片上造成近圆形刻点状凹陷。成虫寿命 10～15 天。

（3）综合防治技术

农业防治：与抗虫作物套种，美洲斑潜蝇对苦瓜、苋菜和烟草危害较轻，田间可与这些作物套种，能够减轻危害。清洁田园，早春及时清除田间和地边杂草及寄主老叶，田间发现被害叶片及早摘除集中烧毁；收获后及时清除残株老叶，高温堆肥或集中烧毁，可降低虫口密度。

生物防治：美洲斑潜蝇寄生蜂种类较多，主要有姬小蜂科的釉姬小蜂、新釉姬小蜂、无釉姬小蜂、羽角姬小蜂等。一般情况寄生率可达 20％左右；不施药时，寄生率更高，有的田块可达 60％以上。从国外引进的寄生蜂已经能够在室内扩繁，可在保护地内应用。

物理防治：利用成虫趋黄色的习性，用黄色粘蝇纸、黄盘、黄板诱杀。

化学防治：首先要做好田间监测，可以定期作田间调查，发现每 3 片叶子有 1 头幼虫或蛹或 180 片叶中有 25 头幼虫或蛹，就是施药时期。掌握准确的防治适期，及时用药，是经济有效的方法。可用 1.8％阿维菌素乳油、1.8％爱福丁乳油、1.8％虫螨虫乳油 3 000 倍液，或 1％灭虫灵乳油 2 000 倍液，40％绿菜宝乳油 2 000～3 000 倍液，10％烟碱乳油、2.5％功夫、20％杀灭菊酯 1 000 倍液，18％杀虫双 600 倍液。幼虫有早晚爬到叶面活动的习性，傍晚和早上打药效果好。

4. 瓜叶螨　叶螨，又称红蜘蛛，俗称火龙。危害瓜类的叶螨有朱沙叶螨、二点叶螨、截形叶螨以及土耳其斯坦叶螨等几种。

（1）形态特征

朱沙叶螨：雌螨体长 0.48～0.55 毫米，宽 0.35 毫米，体形椭圆，体色常随寄主而异，基本色调为锈红色或深红色，体背两侧有长条块状黑斑 2 对。雄螨体长 0.35 毫米，宽 0.19 毫米，近菱形，头胸部前端近圆形，腹部末端稍尖，体色比雌虫淡。卵圆球形，直径约 0.13 毫米，初产无色透明，渐变淡黄，孵化前微红。幼螨足 3 对，体近圆形。初孵身体透明，取食后变暗绿，蜕皮后变第一若螨，再蜕皮为第二若螨，足 4 对，第二若螨蜕皮后为成螨。

二点叶螨：雌螨体长 0.53 毫米，宽 0.32 毫米，体色淡黄或黄绿色，体躯两侧各有 1 黑斑，越冬滞育的雌螨橙红色。雄螨体长 0.36 毫米，宽 0.19 毫米，体色淡黄或黄绿色。

截形叶螨：雌螨体长 0.52 毫米，宽 0.31 毫米，体深红，足和颚体白色，体侧有黑斑，雄螨体长 0.36 毫米，宽 0.19 毫米。

土耳其斯坦叶螨：雌螨体长 0.54 毫米，宽 0.26 毫米，黄绿色。雄螨体长 0.33 毫米。

（2）发生规律 叶螨每年发生约 10～20 代，主要以雌虫过冬，10 月份迁至杂草和作物枯枝落叶和土缝中越冬。在南方气温高的地方，冬季在杂草、绿肥上仍可取食，并不断繁殖。春季温度 6℃ 时即可出蛰危害，温度上升到 10℃ 以上时开始大量繁殖。一般 3～4 月份先在杂草和其他寄主作物上取食，4 月下旬至 5 月、8 月上中旬迁入瓜田，在杂草多的田边植株危害较重，先是点片发生，以后随着大量繁殖，以受害株为中心向周围扩散，先危害植株叶片，然后向上蔓延，借爬行、风力、流水、农业机具等传播。叶螨发育最适温度 25～29℃，最适相对湿度 35%～55%，故少雨干燥季节和地区危害严重；夏秋多雨，对其有抑制作用。

（3）综合防治技术 进行轮作，冬前铲除田内外杂草，翻耕土壤，减少成虫越冬条件。早期在基部叶危害时，摘除老叶销毁。合理施肥，使瓜苗苗壮。

苗期结合治蚜虫，用药剂 40% 氧化乐果或 50% 久效磷涂茎。

杀螨剂种类比较多，可根据田间叶螨的发生情况选用。

发生初期，可杀卵、幼、若螨，不杀成螨，抑制卵孵化的药剂有5％尼索朗2 000倍液、50％阿波罗5 000倍液。在叶螨发生量较大时，可使用对卵、幼若螨和成螨全杀的药剂，如20％三氯杀螨醇1 000液、20％双甲脒1 000～1 500倍液、20％牵牛星3 000～4 000倍液。在有其他害虫同时发生需要兼治时，可使用40％乐果1 000～1 500倍液或20％灭扫利3 000倍液、10％虫螨灵4 000倍液防治。喷药时应注意喷布叶片背面、枝蔓嫩梢、花器及幼瓜等，并均匀周到。

5. 金针虫　金针虫主要种类有沟金针虫、细胸金针虫、褐纹金针虫和宽背金针虫4种，以前两种分布较广，危害也较重。

（1）形态特征

沟金针虫：成虫体长14～18毫米，宽4～5毫米，深褐色，全体密生暗褐色细毛，前胸背板呈半球形隆起，宽大于长，密布刻点，中央有微细纵沟，后缘角稍向后方突出。卵近椭圆形、乳白色，长约0.7毫米。幼虫体长20～30毫米，宽约3～4毫米，体扁平，金黄色，由胸背至第十腹节的背面正中有一细纵沟，尾节背面有近圆形的凹陷，两侧隆起，有3对锯齿状突起。蛹细长，纺锤形，长19～22毫米，初为淡绿色，后变褐色。

细胸金针虫：成虫体长8～9毫米，宽约2.5毫米，体暗褐色，密被黑褐色短毛，并有光泽。头胸部黑褐色，前胸背板略带圆形，长大于宽，后缘角伸向后方，翅鞘上有9条纵列的点刻。卵圆形，乳白色。幼虫体长约23毫米，宽1.3毫米，圆筒形，淡黄色，有光泽，尾节呈圆锥形，尖端为红褐色小突起，背面近前缘两侧各有褐色圆斑1个，并有4条褐色纵纹。蛹黄色，长约8～9毫米。

（2）发生规律

沟金针虫：大部分地区3年完成一代，以成虫和幼虫在土中越冬，因生活历期较长，幼虫发育不整齐，有世代重叠现象，老熟幼虫 8 月份开始在土壤 13～20 厘米深处化蛹，蛹期 16～20 天，9 月份羽化，不出土，当年进入越冬。翌年 4 月份飞出交尾产卵于土中，4 月下旬幼虫陆续孵化后危害植物根部及种子。在冬麦播种季节集中于表层危害，11 月中下旬陆续入土中深处越冬。在幼虫生活期中，每年 3 月份起上升危害，以春秋季危害最重。夏季高温时或多雨时潜入较深土层。

细胞金针虫：一般多为 2 年发生一代。在土中钻动很快，以成虫和幼虫在土下 20～40 厘米处越冬，翌年 3 月上中旬成虫开始活动，4 月中下旬 10 厘米土温平均达 15.6℃、气温 13℃左右是活动盛期，6 月中旬是末期。成虫昼伏夜出，略具趋光性，对腐烂发酵气味有趋性，常群集在烂草堆下，幼虫较耐低温，危害时间长。本种适生于偏碱和潮湿黏重的土壤中，对土壤水分有较强适应性，春雨多的年份幼虫危害加重。

（3）综合防治技术

农业防治：深秋深耕细耙，夏季翻耕暴晒，产卵化蛹期中耕除草，将卵翻至土表暴晒至死。对细胸金针虫在田边畦埂堆放杂草（可加入少量杀虫剂），可诱引成虫潜入，翌日在草堆下捕捉。

物理防治：①黑光灯诱杀。沟金针虫成虫有趋光性，可在地边安装黑光灯，下设一大型漏斗，坐入纱笼中，将成虫引进杀死。②糖醋液诱杀成虫。金针虫成虫对糖醋液有较强趋性，可配制成红糖 5 份、醋 20 份、水 80 份的糖醋液，放入容器中，可诱杀细胸金针虫成虫，晚上放置田间，早上盖起来。

化学防治：①调查测报虫口密度。在春季种瓜前，金针虫越冬后上升到表土 10 厘米左右时，挖土调查，每块地取 2～4 个点，每点挖土 0.25 米^2，挖 10 厘米深，用筛筛土，检查金针虫幼虫，每平方米有 3～5 头时，应用药剂防治。②药剂拌种。可用 50％辛硫磷乳油或 40％甲基异硫磷乳油、50％对硫磷乳油、2.5％溴氰菊酯乳油等，按药、水、种子比例 1：100：1 000 拌种，或用瓜类种衣剂 1：50：600 包种。在暗处将种子放塑料布上，撒上药水拌和均匀，拌后闷2～3小时，干后播种。③毒土。用50％辛硫磷乳油或25％对硫磷胶囊缓释剂、40％甲基异硫磷等药，按药、水、细土1：50：200的比例拌匀后，在种瓜或移栽时施入穴中；也可用3％甲基异硫磷颗粒剂拌入细土，撒入穴中。对于大田作物，可在耕地时用5％辛硫磷颗粒剂或3％甲基异柳磷颗粒剂每亩2～3千克，对细土撒入地面，翻耕入土或顺垄撒施。④灌药。用40％乐果或50％辛硫磷1 000倍液灌苗床，然后播种或灌穴。以上药剂还可兼治其他地下害虫，如蝼蛄、蛴螬、沙潜等。

6. 瓜娟螟 幼龄幼虫在叶背啃食叶肉，呈灰白斑，3龄后吐丝将叶及嫩梢缀合，匿居其中取食，致使叶片穿孔或缺刻，严重时仅留叶脉。幼虫常蛀入瓜内，影响产量和质量。

成虫体长11毫米，翅展25毫米，头、胸黑色，腹部白色，但第1、7、8节黑色，末端具黄褐色毛丛。前、后翅白色透明，略带紫色，前翅前缘和外缘、后翅外缘呈黑色宽带。卵扁平，椭圆形，淡黄色，表面有网纹。末龄幼虫体长23～26毫米，头部、前胸背板淡褐色，胸腹部草绿色，亚背线呈两条较宽的乳白色纵带，气门黑色。蛹长约14毫米，深褐色，头部光整尖瘦，翅端达第6腹节。外被薄茧。

在广东一年发生6代，以老熟幼虫或蛹在枯叶或表土越冬，翌年4月底羽化，5月幼虫危害。7～9月发生数量多，世代重叠，危害严重。11月后进入越冬期。成虫夜间活动，稍有趋光性，雌蛾产卵于叶背，散产或几粒在一起，每雌螟可产300～400粒。幼虫3龄后卷叶取食，蛹化于卷叶或落叶中。卵期5～7天，幼虫期9～16天共4龄，蛹期6～9天，成虫寿命6～14天。

防治方法：①提倡采用防虫网，防治瓜绢螟兼治黄守瓜。②及时清理瓜地，消灭藏匿于枯藤落叶中的虫蛹。③提倡用螟黄赤眼蜂防治瓜绢螟，此外在幼虫发生初期及时摘除卷叶，置于天敌保护器中，使寄生蜂等天敌飞回大自然或瓜田中，但害虫留在保护器中以集中消灭部分幼虫。④近年瓜绢螟在南方周而复始不断发生，菜农用药不当，致瓜绢螟对常用农药产生了严重抗药性，应引起各地注意。药剂防治掌握在种群主体处在1～3龄时，喷洒40%乐果、50%辛硫磷乳油1 500倍液，或25%杀虫双水剂500倍液、20%氰戊菊酯（杀灭菊酯）乳油2 000倍液、5%氯氰菊酯（阿锐克）乳油1 000倍液、48%毒死蜱（乐斯本）乳油1 000倍液、1%阿维菌素（农哈哈）乳油2 000倍液、6%烟百素2 000倍液喷雾。使用乐果在采收前5～7天停止用药。如系A级绿色蔬菜安全间隔期为15天。

7. 红蜘蛛 红蜘蛛以成螨和若螨危害植株。叶片受害后形成枯黄色至红色细斑，严重时全株叶片干枯，植株早衰落叶，结瓜期缩短，严重影响产量和品质。一般先危害植株下部叶片，然后逐渐向上蔓延。

每年发生10～20代，北方地区以雌螨在土缝中越冬，温室中可长期取食活动和繁殖。每个雌螨可产卵50～110粒，卵多产在叶片背面。温度在10℃以上即可繁殖，卵期随温度升高而缩短，15℃时卵期为13天，20℃时为6天，24℃时为3～4天，29℃时只需2～3天。红蜘蛛为孤雌生殖，最适生育温度为25～30℃，最低温度为7.7℃，相对湿度超过70%时不利于繁殖，所以常在高温干旱时发生严重。危害时愈老的叶片含螨量越多。

防治方法：合理灌水，避免过干。在发生初期及时用药，可用73%克螨特1 000倍液或25%灭螨锰1 200倍液、20%复方浏阳霉素1 000倍液、20%的三氯杀螨醇1 000液等，每隔7～10天喷一次，连续喷洒3次。喷药的重点是植株上部，尤其是幼嫩的叶背和嫩茎，对田间发病重的点或株加大喷药量。

8. 南瓜实蝇 成虫、幼虫均可危害。成虫用产卵管刺入幼瓜表皮内产卵，使瓜表皮受到伤害，在刺伤处出现白色胶状物，并下陷、畸形、果实变硬、变苦。幼虫孵化后即在瓜内蛀食危害，受害部分初期变黄、发软，后期全部腐烂、发臭，并脱落。

成虫体长 11～12 毫米，翅展 16～17 毫米。体黄褐色，有金属光泽。小盾片黄色。前翅透明。亚前缘脉、翅尖和臀脉有暗色斑纹。腹部第二节和第三节背面各有 1 个黑色横纹，其中第三节横纹与第三节至尾端中间的黑色纵纹形成 T 形，在 T 形纹两侧各有黑色短横纹 2 个。卵细长，长径约 1 毫米，乳白色，一端尖细，略向内弯曲。幼虫蛆形，乳白色，老熟时体长 10～12 毫米，头端尖细，仅有 1 对黑色口钩。蛹体长 6～7 毫米，黄褐色，尾端有 2 个小突起，两突起间有 1 黑点。

在我国，南瓜实蝇主要发生在南方，一年发生 3～4 代，以蛹在土中越冬，但在冬季温暖的晴天偶尔可见成虫。第一代发生在 4～5 月，危害早南瓜；第二代发生在 6～7 月，主要危害冬瓜及南瓜；第三代发生在 8～9 月，危害冬瓜及秋南瓜，其中以第一代和第二代危害严重。

成虫一般在上午羽化，白天活动，对糖醋有趋性。飞翔力强，尤以晴天上午 9～11 时和下午 5～7 时最为活跃，此时交尾产卵最盛。一般阴雨天多躲在瓜叶及杂草丛中。成虫多产卵在幼瓜基部，产卵孔处常流出白色胶状物质，将其封住。在一个瓜上可见几个产卵孔，每一孔有几粒到数十粒卵，卵期一般 4 天左右。幼虫孵化后即在瓜上危害，严重时一个瓜上有数头或数十头幼虫。有时瓜内卵粒未孵化，但成虫刺伤处变凹陷，使瓜畸形，俗称"缩骨"。老熟幼虫善弹跳，多数个体在化蛹前从瓜中钻出，弹跳落地，入土化蛹。一般在土深 2～5 厘米处化蛹。盛夏季节蛹期约 3 天。成虫寿命短与取食的食物有关，在蜜源植物丰富时长达 25 天以上，在不给食条件下维持 2～7 天。

防治措施：

（1）毒饵诱杀　利用醋液发酵物质引诱成虫，如醋 3 份，水 100 份，加少许敌百虫，或用香蕉皮或杂粮糊等也可。将配好的毒饵直接涂于瓜棚上或涂在纸片上挂于棚下，可诱杀大量成虫。

（2）及时摘除病叶，并集中处理；若有烂瓜落地，应在地面喷洒杀虫剂，防止蛹化羽。

（3）在成虫发生盛期前将幼瓜套袋，避免成虫产卵。

（4）药剂防治 用90%晶体敌百虫800～1 000倍液或50%敌敌畏乳油1 000倍液、2.5%溴氰菊酯乳油2 500～3 000倍液、灭杀毙6 000倍液喷雾。

9. 东方蝼蛄 成虫、幼虫在地下呀咬食种子、幼芽，或将幼苗根部咬成乱麻状而致死。尤其蝼蛄活动，在土表穿行许多隧道，致使苗土分离，失水干枯而死，造成缺苗断垄。在棚室内，气温高，蝼蛄活动早，幼苗集中，受害重。

成虫体长30～35毫米，灰褐色，全身密生细毛。触角丝状，黄褐色。前胸背板呈卵形，背面中央具1个明显凹陷的长心形坑斑。前翅鳞片状，覆盖腹部达50%，雄虫前翅具发音器；后翅卷缩如尾状，超过腹末端。尾须细长。前足发达，为开掘足，腿节内侧外缘缺刻不明显。

在我国，北方大部分地区两年发生一代，在南方、江西、四川等以南地区一年一代，均以成虫和若虫在土中40～60厘米深处越冬。4～5月是春季危害严重期，春季由于棚室苗床温度较高，床土疏松，有机质多，利于蝼蛄活动，危害较早而重。8～10月危害秋播南瓜作物和秋菜，为秋季危害期。

晚9～11时为活动取食高峰，苗床和菜田灌水后活动更甚。具较强趋光性、趋化性、趋粪性、喜温性；初卵化若虫有群集性。每头雌虫产卵60～100粒，一般卵产在土下25～30厘米的卵室中，每室有卵30～35粒，喜把卵产在低洼潮湿的地区。一年在土活动，分为越冬休眠、苏醒危害、越夏繁殖危害和秋播作物暴食危害等四个时期。

防治措施：①施用腐熟的有机肥尤其是马粪肥，否则招引大量蝼蛄进入苗床，危害幼苗。②在有电源的地方可以采用灯光诱杀。③毒谷、毒饵诱杀。先将麦麸、豆饼、棉籽饼或玉米碎粒等饲料5千克炒香，或将5千克谷子、秕谷子煮至半熟，稍晾干，

然后用90％晶体敌百虫 30 倍液 0.15 千克拌匀，加适量水，拌
湿为度，每亩施用 1.5～2.5 千克；也可用 40％乐果乳油 10 倍
液或其他杀虫剂拌制饵料。毒饵可直接均匀施于土表，或随播
种、定植施于播种沟或定植穴内，然后播种或定植；在已发生蝼
蛄危害时，可施于隧道内。也可用 4％敌马粉剂与新鲜马粪按
1∶5 拌成毒粪，撒施于蝼蛄隧道内，或挖坑放入毒粪，覆土，
每亩施毒粪 5 千克。

第四章

西葫芦设施栽培

西葫芦，又名美洲南瓜，别名角瓜、白南瓜、搅瓜等，以皮薄、肉厚、汁多深受人们喜爱，可炒菜亦可做馅。成熟果和嫩果均可食用，常采摘嫩果供菜用。其果实中含有丰富的葡萄糖、淀粉、维生素A和维生素C，尤其是钙的含量比较高，每100克可食用部分中含钙近2.3克。西葫芦成熟种子含油量较高，达35%以上，适合加工成干香休闲食品。西葫芦除作蔬菜食用外，有些品种还可用来观赏。

西葫芦的适应性在瓜类蔬菜中最强，对环境条件要求不高，很多品种生长快、结瓜早、产量高，是果菜类中比较早熟的种类。大棚和日光温室等设施栽培已成为我国北方地区冬季保护地栽培的主要方式。

一、西葫芦生物学特性

（一）植物学性状

1. 根　西葫芦根系发达，主根入土可达2米，如经移植主根长度生长受阻，仅约60厘米左右；侧根生长较快，大部分根系水平分布在土壤表层10~30厘米内。西葫芦根系吸收养分和水分的能力强，具有耐瘠薄和干旱的能力，对土壤要求不严格。与其他瓜类一样，根系再生能力差，伤根后恢复慢，因此育苗移栽需要进行根系保护。

2. 茎　茎五棱、多刺、中空，茎内有气体输导组织。按节间长短不同，有蔓生、半蔓生、矮生茎等。多数品种的主蔓生长优势强，侧蔓发生少而弱。长蔓类型主蔓长1~4米，节间较长；

半蔓生类型蔓长 0.5～1.0 米；矮蔓类型蔓长 0.3～0.5 米，节间较短，叶常呈丛生状。大棚或日光温室等设施栽培主要种植矮蔓类型。

3. 叶 子叶较大，对前期生长影响明显，在栽培过程中应尽量保护子叶，延长其存活期。叶片为掌状深裂，叶色绿或浅绿，部分品种近叶脉处有大小和多少不等的银斑；裂刻深浅及叶片表面银白色斑块的多少和有无，因品种而不同。叶片互生，无托叶，叶面有较硬的刺毛。叶柄粗糙、多刺、长且中空，栽培不当极易伸长，受机械损伤时易折断。

4. 花 西葫芦是雌雄同株异花作物。花着生于叶腋，花萼细而长，花冠鲜黄色或橙黄色。雄花的花冠似钟形，五裂，较小，其尖端向外侧反卷；雄蕊发达，花梗细长。雌花柱头三裂，子房下位，有 3～5 室，花梗短粗。雌花单性结实能力差，自花结实率低。

雌花着生节位因品种而不同，与栽培条件也有关系。矮生类型的第 1 雌花一般着生在第 4～5 节，也有极早熟品种于第 1～2 节处着生雌花。半蔓生类型雌花出现在第 7～8 节；蔓生类型多出现在第 10 节以上。

西葫芦的雌雄花均具有较强的可塑性，花的性别主要取决于遗传因子，但环境条件亦有较大影响。一般在高温长日照条件下，雄花出现多而早；低温和短日照条件下，雌花发育早且节成性高。此外，雌花在侧枝的着生节位表现出明显的特点，接近主蔓基部的侧枝上第 1 雌花着生的节位高；反之，靠近主蔓上部的侧枝，雌花着生早，往往在第 1～2 节时就可出现。

西葫芦的花多在黎明 4～5 时开放，雌、雄花寿命短，开花后当日中午便凋萎。雄花在当天上午 10 时以前受精能力最强，接受花粉可坐果。自然条件下栽培主要靠昆虫传粉，设施种植时昆虫活动很少，必须进行人工辅助授粉。

5. 果实 西葫芦的果实为瓠果，由子房发育而成，果柄五棱形、无梗洼，果面光滑，少数品种有浅棱。果实的形状、大小和颜色因品种不同而有差异。果实形状有圆形、椭圆形和长椭圆形，一般以长筒形较多。嫩果表皮有白色、白绿色、金黄、浅绿、深绿、墨绿和白绿相间深浅不一的条纹或花斑；老熟果果皮多为橘黄色，也有白色、乳白色、黄色、橘红或黄绿相间等颜色。

6. 种子　种子扁平，种皮光滑，白色或浅黄色。每个果实可产种子300～400粒，千粒重130～200克。种子寿命一般4～5年，少数品种10年还可发芽，生产上使用年限为2～3年。

（二）生长发育周期

西葫芦生长发育周期可分为发芽期、幼苗期、初花期和结果期。各个时期有不同的生长发育特性。

1. 发芽期　从种子萌动到第一片真叶显露为发芽期（破心）。此时期内幼苗的生长主要是依靠种子中子叶贮藏的养分，在温度、水分等适宜条件下约需5～7天。子叶展开后逐渐长大并进行光合作用，为幼苗继续生长提供养分。当幼苗出土到第一片真叶显露前，若温度偏高、光照偏弱或幼苗过分密集，子叶下面的下胚轴很易伸长如豆芽菜，从而形成徒长苗。

2. 幼苗期　从第一片真叶显露到3～4片真叶长出为幼苗期，大约25天。这一时期幼苗生长比较快，植株生长主要是叶的形成、主根伸长及各器官形成（包括大量花芽分化）。管理上应适当降低温度，缩短日照，促进根系发育，扩大叶面积，确保花芽正常分化，适当控制茎的生长，防止徒长。培育健壮幼苗是高产的关键。既要促进根系发育，又要以扩大叶面积和促进花芽分化为重点，只有前期分化大量的雌花芽，才能为西葫芦前期产量奠定基础。

3. 初花期　从展开3～4片真叶到第一雌花坐瓜（即根瓜）为初花期。从幼苗定植、缓苗到第一雌花开花坐瓜一般20～25天。此阶段营养生长与生殖生长同时进行。缓苗后，长蔓型的茎伸长加速，表现为甩蔓；短蔓型的茎间伸长不明显，但叶片数和叶面积发育加快。花芽继续形成，花数不断增加。管理上要注意促根、壮根，并掌握好植株地上、地下部协调生长。具体栽培措施上要适当进行肥水管理，控制温度，防止徒长，同时创造适宜条件，促进雌花数量和质量提高，为多结瓜打下基础。

4. 结果期 结果期从第一条瓜坐瓜，经连续开花、结果，到采收结束。结果期长短是影响产量高低的关键因素。结果期长短与品种、栽培环境、管理水平及采收次数等密切相关，一般40～60天。在日光温室或现代化大温室中长季节栽培时，其结果期可长达150～180天。适宜的温度、光照和肥水条件，加上科学的栽培管理和病虫害防治，可达到延长采收期的目的。

（三）对环境条件的要求

1. 温度 西葫芦对温度有较强的适应能力，一般比其他瓜类耐低温，是瓜类蔬菜中较耐寒而不耐高温的蔬菜。种子发芽适宜温度为25～30℃，生长发育适温为20～25℃，8℃以下停止生长，30℃以上生长缓慢，且易发生病毒病，32℃以上花蕊不能正常发育。根系生长的适温为25～28℃，最低温度为6℃。果实发育最适宜温度是22～30℃。一般来说，在植株生长季节，白天25℃左右、夜间15℃左右为宜。

西葫芦不耐霜冻，0℃即会冻死。但它对低温的适应能力强，有些早熟品种耐低温能力超过黄瓜，受精果实在8～10℃的夜温下能与16～20℃下受精的果实同时长大成瓜。

2. 光照 西葫芦属短日照作物，喜强光又能耐弱光。性喜强光，光照充足有利于植株生长发育，第一雌花提早开放，果实膨大快且品质好。苗期短日照有利于增加雌花数量，光照充足可使第一雌花提前开放，光照不足易徒长，不易结瓜。对光照反应最敏感的时期是第1～2片真叶展开期，每日8～10小时的短日照条件可促进雌花发生。进入结果盛期则需要较多的强光，雌花开放时给予11小时的光照有利于坐果。

3. 水分　西葫芦喜湿润而不耐干旱，土壤湿度以 70％～80％为宜，空气相对湿度 45％～55％为好。空气湿度过大，影响雌花正常受精，易导致化瓜或形成僵瓜，生产上会诱发多种病害。生长发育前期适当控制水分，不宜浇水过多，否则易引起茎叶徒长，影响正常结瓜。结瓜期需水量大，需保持土壤湿润。

4. 土壤和养分　西葫芦植株根系发达，吸收能力较强，对土壤要求不很严格，沙土、壤土或黏壤土均可栽培，以土层深厚、保水保肥能力强、疏松肥沃的壤土为好，利于根系发育。适宜的土壤 pH5.5～6.8。在轻度盐碱地中通过培施有机肥等措施可获得较高产量。

西葫芦需肥量较大，生产1 000千克商品瓜，需要纯氮3.9～5.5千克，磷2.1～2.3千克，钾4～7.3千克。生长初期充足供给氮肥，促进茎叶增长，扩大同化面积；中期磷、钾吸收量逐渐增大，结果期氮、钾吸收量达到高峰。因此要保证氮、钾供应，并适当供给磷肥。

二、西葫芦栽培类型及季节

（一）栽培类型

一般情况下，将西葫芦分为 4 个变种，即弯颈角瓜、棱角瓜和飞碟瓜。也有学者把西葫芦种分为 3 个变种，除西葫芦变种外，还有珠瓜变种和搅瓜变种。珠瓜变种生长发育近似南瓜，植株生长势强、株型矮、直立、开放，生产上较少栽培。搅瓜变种在我国山东、河北、上海、江苏等地均有种植。搅瓜变种植株生长势强，叶片小，缺刻较深；果实椭圆形，具浅棱沟，果柄有棱，但不膨大；单果重 0.7～1 千克。幼果乳白色，间有淡绿色网纹。成熟果表皮深黄色、浅黄色或底色橙黄间有深褐色纵条纹。瓜肉较厚，浅黄色，瓜肉组织呈纤维状。其嫩瓜食用方法与西葫芦同，多以老瓜供食，一般将整瓜煮或蒸熟后，横向切开可见环状丝，瓜肉用筷子一搅即成粉丝状或海蜇皮状，凉拌后即可食用。

另外，生产上常见的分类方法是依据西葫芦的生长习性分为3个类型，即矮生类型、半蔓生类型和蔓生类型。

1. 矮生类型 早熟，第一雌花着生于第 3~5 节，以后每节或隔 1~2 节出现雌花。瓜蔓短，蔓长 0.3~0.5 米，节间很短，株型紧凑。代表品种有一窝猴西葫芦、花叶西葫芦等。

2. 半蔓生类型 多中熟。节间略长，蔓长 0.5~1.0 米，主蔓第 8~10 节着生第一雌花，生产上少有栽培。代表品种有山东临沂花皮西葫芦、裸仁西葫芦等。

3. 蔓生类型 较晚熟。生长势强，叶柄大，叶片大，瓜形大。第一雌花着生在主蔓第 10 节以上，节间较长，蔓长 1~4 米。抗病、耐热性强于矮生类型，但耐寒力较弱。结果部位分散，采收期较长，一般单果重 2~2.5 千克，适于晚春早夏栽培。如河北长蔓西葫芦等。

（二）栽培季节

我国幅员辽阔，东西南北各地自然环境条件千差万别，所以适宜各地的栽培季节和栽培形式不尽相同。南方无霜或轻霜地区，一年种植 3 茬比较普遍，随着保护地栽培设施的推广，夏秋季可进行遮阳避雨栽培。长江中下流地区春季气候温和，夏季炎热多雨，大多在春季、秋季种植，条件许可的地区进行设施保护地栽培，增加越冬茬。北方地区包括黑龙江、吉林、新疆、内蒙古、青海、西藏大部、甘肃西部等地区，露地一般一年栽培一茬。有条件的地区可利用风障畦、地膜覆盖、改良阳畦、塑料棚、日光温室等设施增加茬次。

保护地栽培西葫芦，种植面积仅次于黄瓜，已成为我国北方设施栽培上市最早的果菜类蔬菜之一。

由于西葫芦成熟期较早，较耐低温，不耐高温，且高温条件下易感染病毒病，因此设施栽培方式下多作早熟栽培。这对于解决早春蔬菜市场淡季有现实意义。

1. 日光温室栽培茬口 利用日光温室种植西葫芦主要有秋延后、越冬一大茬及春提早等 3 种栽培方式。越冬一大茬在 10 月上旬左右播种育苗，11 月上旬定植，12 月中旬左右开始采收，主要是供应春季蔬菜淡季市场，直到 3 月中下旬采收结束，管理较好的温室可延续至 5 月拉秧。

日光温室秋延迟和春提早栽培方式可在大棚设施的基础上稍加调整，由于日光温室的保温性能强于大棚，所以茬口安排时可稍提前。

2. 塑料棚栽培茬口 可利用塑料大棚进行春提早、秋延后栽培西葫芦。

（1）春提早栽培 长江流域中下游地区利用大棚进行春提早栽培时，1 月下旬电热温床育苗，2 月下旬定植到大棚，4 月中下旬至 5 月上旬开始采收，至 6 月上中旬拉秧结束。

（2）秋延迟栽培 长江中下游地区 8 月上旬播种，8 月下旬至 9 月上旬定植到大棚，10 月上旬开始可采嫩瓜上市，后期保温措施好，可采收到 12 月中下旬结束。

（3）品种选择 西葫芦春提早栽培要选择茎蔓短、节间密、耐低温、结瓜密和结瓜早的矮生短蔓品种，如早青 1 代、中葫 3 号等；秋延迟栽培要选择抗病性好，耐热性强，长势旺，结果能力强的品种，如诺曼迪等。

三、西葫芦栽培技术

（一）品种选择

早春大棚栽培西葫芦应选择耐低温弱光性好、抗病性强、早熟的优质品种，如美玉。秋播西葫芦品种宜选用生长期短，抗病性、抗逆性好的中早熟品种。

冬春保护地栽培西葫芦，所选品种应具有蔓短、早熟、丰产、前期产量高等特点，并要求植株较耐寒、耐弱光、结果集中、适于密植。目前适合北方大部分地区栽培的品种有早青一代、早玉以及各地的地方品种，如一窝猴等。

1. 早青1代　山西省农业科学院育成的一代杂种。植株矮性，分枝弱，短蔓，蔓长30～40厘米，侧蔓少或不发生侧蔓，以主蔓结瓜为主，适于密植。极早熟，播种后45天可采收嫩瓜。结瓜性能好，第一雌花着生于主蔓第4～5节，单瓜重1～1.5千克。如果采收250克以上的嫩瓜，单株可收7～8个，丰产性好。瓜长圆筒形，嫩瓜皮浅绿色，老熟瓜黄绿色。

2. 中葫3号　中国农业科学院蔬菜花卉研究所于2001年育成的一代杂种。植株长势较旺，矮蔓类型。早熟。第一雌花节位为第5.3节；节成性高，平均1.5节出现1个雌花。主蔓结瓜，侧枝稀少。瓜形长棒形，瓜皮白色。可采收嫩瓜食用，单瓜重250～500克。适宜在保护地及早春露地种植，一般保护地栽培亩产量5 000千克左右。

3. 一窝猴　北京地方品种，华北地区均有栽培。植株直立，分枝性强。叶片三裂、心脏形，叶背茸毛多。早熟。主蔓第5～8节出现雌花。瓜短柱形，商品瓜皮深绿色，表面有5条不明显纵棱，并密布浅绿网纹。老熟瓜皮橘黄色。一般单瓜重1～2千克。果实皮薄，肉厚瓤小，果肉质嫩，味微甜。从播种到收获50～60天，采收期45天。抗寒不耐旱，不抗病毒病和白粉病。适于早熟栽培。

4. 涡阳搅瓜　安徽省涡阳县地方品种。植株蔓性，生长势强。叶片小，掌状，叶缘波状浅裂。主蔓结瓜，第一雌花节位在主蔓的第12节。瓜圆筒形，表面平滑，嫩瓜皮乳黄色，瓜面无斑纹，无棱，无蜡粉。一般单瓜重750克。生育期100天。肉质疏松，老瓜经冷冻蒸煮后用筷子搅动成丝，脆嫩适口，品质较好。耐热性强，耐旱性弱，抗病性中等。

5. 晋西葫芦4号　山西省农业科学院育成的早熟一代杂交种。属短蔓密植类型，极早熟，播种后35天左右可采摘商品瓜。果实长筒形，粗细均匀，嫩瓜皮色为鲜嫩的浅绿色，带细网纹，光泽度、商品性好；植株生长势强，雌花多，瓜码密，结瓜能力较强，耐低温、弱光，丰产，抗病，亩产量5 000千克左右。适合我国北方大部分地区早春各种保护地栽培。

6. 京葫3号　北京京研益农业科技发展中心培育的设施西葫芦新品种，为特早熟杂交一代种，属矮生类型。该品种根系发达，茎蔓粗短，株高40～50厘米，开展度85～90厘米。叶片掌状深裂、墨绿色，茎蔓条棱形、着刺。长势强，第5～6节即可开花坐瓜，比一般品种提早2～3个节位，采收期提前15～20天。瓜长圆柱形，嫩瓜皮淡绿色，有网状花纹；瓜长15～30厘米，横径5.5～8厘米；单瓜重350～550克；果肉淡绿色，有清香味，口感好。

7. 裸仁金瓜　辽宁省熊岳农业职业技术学院1989年育成。蔓长60～100厘米，雌花着生在主蔓第3～7节。嫩瓜近圆柱形，一般单瓜重250～500克；嫩瓜皮浅绿色，肉厚、质嫩，白色。老熟瓜皮坚硬，橘黄色，肉黄色。中早熟，生育期80～90天。种子无外种皮，食用方便。每公顷产嫩瓜18 000千克，产种子750千克。耐贮运，抗寒，不耐旱，适应性较广。

8. 花叶西葫芦　从阿尔及利亚引进。植株茎蔓较短，直立，株型紧凑，适于密植。叶片掌状深裂、狭长，近叶脉处有灰白色花斑。主蔓第5～6节着生第一雌花，单株结瓜3～5个。瓜长椭圆形，瓜皮深绿色，有黄绿色不规则条纹。瓜肉绿白色，肉质致密，纤维少，品质好。一般单瓜重1.5～2.5千克。从播种到收获50～60天。较耐热、耐旱、抗寒。易感病毒病。

9. 诺曼迪　国外引进的杂交一代种。植株生长旺盛、强健，不歇秧，耐寒性好，根系发达，抗病、抗逆性强，高抗银叶病。叶片中等大小，中翠绿，节间短，茎秆粗壮，长蔓和膨瓜协调，易管理。果实长圆柱形，长24～28厘米，瓜条顺直，整齐度好，颜色翠绿亮丽，商品性好，易储运。早熟，连续坐瓜性强，节节有瓜，单株可采瓜40个以上，采收期长达180天。株距80厘米，行距 100 厘米，亩栽 800 株左右。适合南北方保护地秋延、越冬、早春栽培。

10. 欧曼 法国引进的杂交一代种，早熟。植株长势旺盛、强健，抗病，耐寒，常规叶，雪花少，6 叶左右即出现第一雌花，以后节节有瓜，坐瓜率高，连续带瓜能力强，同时带瓜 5～6 个，瓜长 22～25 厘米，直径 6～7 厘米，瓜皮翠绿，顺直，斑点小，光泽度好，商品性佳，越冬茬单株采瓜 50 个以上。适宜温室大棚秋延、越冬、早春茬种植。

11. 琦美 国外引进的杂交一代种。植株长势旺盛、强健，不歇秧，耐寒、耐热性好，根系发达，抗病抗逆性强，高抗银叶病、根结线虫病。叶片中等大小，中翠绿，节间短，茎秆粗壮，长蔓和膨瓜协调，易管理。果实长圆柱形，长 24～28 厘米，瓜条顺直，整齐度好，颜色翠绿亮丽，商品性好，易储运。早熟，连续坐瓜性强，节节有瓜，单株可采瓜 38 个以上，采收期长达180 天。适宜日光温室秋延迟、早春栽培。

12. 贝莹 国外引进的杂交一代种。植株长势旺，茎秆粗状，节间短，叶柄上举，白花叶，株型紧凑，根系强大。耐中温，高抗病毒病。瓜长条，顺直 24 厘米左右。颜色翠绿，光泽秀丽，商品性佳。结瓜性能好，带瓜能力强，节节有瓜，产量极高。适宜秋延、早春、拱棚及露地栽培。

13. 凯瑞丰 杂交一代早熟品种。叶柄上举，株型松散，透光性好。5 叶出现第一雌花，节节有瓜，坐瓜性好，带瓜能力强。瓜长 22～24 厘米，直径 6～7 厘米，宜采收 350～400 克瓜。瓜皮翠绿，瓜纹均匀、细腻、亮丽，商品性好，产量高。适宜秋延、早春拱棚栽培生产。

14. 迈瑞宝 杂交一代早熟品种。生长健壮。叶片中等，节短，茎粗，叶、柄、茎深绿色，抗病性好，5～6 叶现瓜，节节有瓜，坐果率高，带瓜能力强，同时能带 5～6 个瓜。瓜条顺直，深翠绿色，亮丽，白斑点稀，小颜色极好。瓜长 24～28 厘米，径 6～7 厘米，商品极性好，产量高。适宜温室大棚秋延、越冬、早春茬种植。

15. 尼斯 国外引进的杂交一代种。冬季长势旺盛，耐寒。植株长势旺盛，茎秆粗壮，耐低温弱光，带瓜能力强，瓜长 22～24 厘米，粗 7～8 厘米，单瓜重 300～400 克。瓜条顺直，膨瓜快，耐寒，光滑细腻，翠绿，商品性极好。春节后返秧快，抗逆、抗病性好。单株收瓜达 45 个以上，产量极高。极耐低温，适合越冬栽培。

16. 马赛 国外引进的杂交一代早熟品种。长势旺盛。瓜色翠绿。瓜条顺直，长 24 厘米左右。茎粗 6 厘米左右。商品性佳，节节有瓜，连续坐瓜 38 个左右，采收期 180 天以上。高抗病毒病、灰霉病，抗高温、高湿，耐低温弱光。适合日光温室、秋延、冬春保护地栽培。

（二）培育壮苗

1. 浸种催芽 用温汤浸种法浸种。将种子置于 55℃ 温水中 15～20 分钟，不停搅拌，水温降至 25～30℃ 时停止搅动，浸种 6～8 小时捞出，冲洗沥干，用湿毛巾包好，放在 25～30℃ 环境下催芽，每 6～8 小时翻动清洗一次，一般经 2～3 天，当 70% 左右的种子芽长 0.5 厘米时即可播种。

2. 播种育苗 育苗移栽可提早上市，虽投入较多，但效益好。生产中以育苗移栽为主。

（1）**适宜播期** 一般从定植向前推 30 天即为适宜播种期。长江中下游地区春季冷床育苗，播种期在 3 月上旬，露地多在 3 月下旬直播。如用小拱棚栽培，可提早 10～15 天播种。北方地区春季露地栽培，掌握好当地断霜日期，在断霜前 25～30 天育苗，断霜后定植。保护地栽培可根据设施结构类型和保温措施不同，确定不同播种期。西北地区（如新疆）日光温室冬春茬栽培，播种时间以 9 月上旬为宜，11 月上旬进入采瓜期，12 月下旬进入盛瓜期，冬前可形成一定产量。山东地区日光温室冬春茬栽培，适宜播期为 9 月下旬至 10 月上中旬，过早播种易遇高温、干旱，病毒病发生严重，过晚播种定植后缓苗不利，前期产量较低。长江中下游地区大棚长季节栽培，播种时间以 9 月上旬为宜，11 月上旬进入采瓜期，12 月下旬进入盛瓜期。

（2）播前准备　采用穴盘基质育苗或营养钵育苗，需购买优质专用基质或配制营养土育苗。营养土配制方法：用 5 年内未种过瓜类作物的菜园土与优质腐熟厩肥（用量占 30％）均匀拌和，配制前均应打碎过筛，每 1 000 千克配制土加尿素 0.2 千克、磷酸二氢铵 0.3 千克、草木灰 5～8 千克，以及 50％多菌灵（或托布津）100 克、2.5％敌百虫 80～100 克，均匀混合后备用。播种前一天将穴盘（或营养钵）内装满基质或营养土，并浇透水，育苗前 60 天提前起堆、覆盖薄膜，使营养土进一步熟化。

（3）播种　播种选晴天上午进行，将催芽的种子每穴（钵）播 1 粒，种芽朝下，水平摆好，覆盖基质（营养土）1.0～1.5 厘米，盖一层地膜保湿。这样可保证种子发芽所需的水分和温度。

3. 苗床管理　播种后出苗前，保持白天 28～30℃，夜间 18～20℃。齐苗后揭去地膜，白天 25℃，夜间 10～15℃。定植前 7～10 天进行低温炼苗，白天 18～20℃，夜间 8～13℃。基质育苗要根据苗子长势适时浇水，掌握晴天上午浇，浇透水，定植前 1～2 天检查苗情，酌情浇水，以利起苗。

4. 壮苗标准与适宜苗龄　西葫芦壮苗的指标是茎粗 0.4～0.5 厘米，株高 10 厘米左右，幼苗矮壮，叶厚柄短，叶色深绿，子叶完好，根系发达，无病虫危害。适宜的生理苗龄为 3 叶 1 心，日历苗龄依据不同的地区与育苗期间环境条件而不同，约 25～30 天。

5. 嫁接育苗　西葫芦一般不发生枯萎病，如果从抗枯萎病角度出发不需嫁接。但由于砧木（如南瓜）的根系比西葫芦庞大，加上其耐低温等优点，保护地反季节栽培时常采用嫁接苗，一是可以延长结果期达 4 个月，比直播结果期延长 1 个月以上；二是结果期提前 7～10 天；三是产量大幅度提高，亩产可达 1 万千克；四是植株根系发达，生长健壮，抗旱，耐涝，耐寒，耐弱光，抗逆性增强，病虫害减少，土传病虫害基本不发生。

（1）嫁接方法　砧木以黑籽南瓜为佳，采用靠接法成活率较高。

黑籽南瓜最好比西葫芦早催芽 2 天，播种后气温控制在25～30℃，土壤温度最低保持在 20℃左右，出苗后可适当降温 2～3℃，当西葫芦 2 片子叶 1 片真叶时嫁接。靠接时间越早越好，防止苗大了出现中空现象。

嫁接前先将嫁接夹和刀片用 1‰高锰酸钾溶液浸泡消毒 10～15 分钟，待温室内气温升至 18～20℃，把培育好的西葫芦苗和南瓜苗从苗床里挖出，去掉泥土，选用生长健壮、子叶保存完好的苗子嫁接。

操作步骤：先用竹签把南瓜真叶和生长点挖掉，用刀片在两片子叶的豁口下 0.8～1 厘米处向下斜切一刀，角度 35°～40°，深度为茎粗的 1/2，然后在西葫芦子叶下 1.2～1.5 厘米处向上斜切一刀，角度 30°左右，深度为茎粗的 3/5。把两切口用力插在一起，接合紧密，并力求使二者一侧的韧皮部对靠在一起，然后调整子叶方向，使西葫芦子叶压在南瓜子叶的上面，呈十字形，用嫁接夹固定。西葫芦苗夹在嫁接夹的内口，南瓜苗夹在外口。以上操作，动作要快，切口光滑平整，切口内不得有泥土和流水浸入。

嫁接后，为防止失水萎蔫，应立即栽入苗床，浇足浇透水。栽植时将西葫芦根和南瓜根稍微分开适度角度，以利断根。同时要注意嫁接部位高出地面 2 厘米以上，以防止水和泥土浸入接口。株距 12 厘米，行距 12 厘米。苗床栽满后，重新补水一次，如发现嫁接苗根部土壤出现裂缝，应再覆土一次。扣小拱棚增温保湿。

（2）嫁接后管理

温度管理：嫁接后的前 3 天，白天气温宜保持在 25～30℃，夜间 17～20℃，地温不低于 18℃，成活后可适当降低温度。

光照管理：遮光。头 3 天不见光，不通风，3 天后在日出和日落前适当揭苫见弱光，以后逐渐加大透光量至正常光照。

保湿：嫁接后保持空气相对湿度 85%～90%，5～6 天后开始小通风，10 天后大通风，密切关注苗的长势，一旦萎蔫，及时遮阴、喷温水，关闭风口，以后逐渐增大通风量。

断根：依据伤口愈合情况，完全愈合后可去掉夹子，沿接口下方用刀片切断根部，并带出棚外。

（三）栽培管理

1. 日光温室冬春茬栽培

（1）品种选择　日光温室冬春栽培西葫芦，所选品种应具有蔓短、早熟、丰产、前期产量高等特点，并要求植株较耐寒、耐弱光、结果集中、适于密植。目前适合北方大部分地区的品种有早青一代、早玉及各地的地方品种，如一窝猴等。

（2）适宜播期　适宜在 9 月下旬至 10 月上中旬播种育苗，过早播种易遇高温、干旱，病毒病发生严重，过晚播种定植后缓苗不利，前期产量较低。一般 10 月下旬至 11 月上中旬定植，12 月上中旬至翌年 2 月下旬陆续采摘供应，3 月上旬拉秧，管理较好或采用植株更新的温室可延续至 5 月拉秧。

（3）整地施肥　温室应提前 15～20 天盖膜，提高气温和地温，并深翻温室内土壤 30 厘米。深翻前每亩普撒腐熟农家肥 5 000～10 000 千克，并增施过磷酸钙 50 千克或磷酸二铵 20 千克，其中 70% 撒施深翻，30% 沟施。耙平后按 50 厘米×70 厘米宽窄行作畦，上铺地膜和滴灌设施。既有利于提高地温，又方便膜下暗灌，为减少病害发生、提高产量提供了保证。

（4）定植　采用大小行栽植，按大行距 70 厘米、株距 50 厘米在地膜上打孔，浇透底水，待水渗后将起好的苗坨放入孔穴，然后覆盖疏松干细土，压好地膜，以利增温。

（5）定植后管理

温度：定植后立刻密封温室，提高温度，这时白天可达25～32℃，夜间15～20℃，以利快速缓苗。缓苗后适当降低温度，白天控制在22～26℃，夜间12～16℃，以防苗徒长；开始坐瓜后，应适当提高温度，白天25～28℃，夜间15～20℃，若遇低温寡照，温度宜掌握白天22～25℃，夜间10～12℃，以减少呼吸消耗。连阴天过后，逐渐提高温度，增加光照，促秧生长，但白天温度最高不超过30℃，夜间不得低于10℃，昼夜温差不得小于8℃；春节前后白天温度25～28℃，夜间15～18℃，中后期随外界气温升高逐渐加大通风量，外界最低气温稳定在12℃要昼夜通风。

光照：西葫芦虽较耐弱光，但光照不足，植株生长不良，表现为叶色淡、叶片薄、叶柄长，容易导致化瓜，还容易发生病害导致瓜条畸形，品质降低。因此，定植后在保证适宜温度的前提下要早揭晚盖草苫，尽量延长光照时间，以促根壮秧为重点。坐瓜后如遇连阴雨雪天气，只要不是下大雪（雨）、揭苫后棚内气温急剧下降的情况，都应该坚持揭开草苫增加散射光，那怕是中午见一会也行，连阴雨雪天气过后，可早晚揭开草苫，结合中午前后间隔揭放草苫，便于植株进行强光条件下的适应性调整逐渐转为正常光照管理，防止植株出现急剧萎蔫、凋枯死亡现象。

肥水：定植时浇足水，缓苗期间一般不浇水，如果定植早，外界条件好时可从膜下浇一次缓苗水。定植后到根瓜采收前一般不浇水，以促根控秧。当根瓜坐住（瓜长6厘米以上）后，开始浇水追肥，每亩施尿素20千克，浇水量为垄高的1/3，浇水后及时密封垄头边的薄膜。因此时外界气温很低，放风量较小，一般每15天浇一次水，以降低温室内的空气相对湿度。进入结瓜盛期，外界气温逐渐回升，植株和瓜条的生长加快，浇水次数变勤，一般每7天浇一次水，浇水量为垄高的2/3，每隔一水追一次肥，每亩施尿素 20～30 千克，浇水后加大防风量，保持空气相对湿度 45％～55％，既利于授粉、受精、坐瓜，又避免病害发生。此外，在整个生长期还可进行根外追肥。在连阴天期间向植株喷 1％的葡萄糖水；植株生长中后期用 0.2％磷酸二氢钾（或 0.5％的蔗糖）加 0.2％尿素或 0.5％的三元复合肥喷施，满足瓜条旺盛生长的需要。

植株调整：植株长到 8 片叶时进行吊蔓，能显著改善株间通风透光条件；及时抹去侧芽，中后期及时打掉下部发黄的叶片（黄化面积超过 1/3 以上），疏除过多的雌花、雄花、病瓜、畸形瓜和化掉的幼瓜，减少养分消耗，避免病害发生。后期植株衰老，可选留下部 1～2 个健壮侧枝代替主枝生长，侧枝上雌花开放后将主枝打顶，在伤口涂抹农用链霉素，防止伤口感染。新蔓伸长后，疏除老蔓上的叶片，促新蔓生长。

保花保果：为提高坐瓜率，可采用人工授粉或生长调节剂处理。人工授粉在上午 9～10 时选取当天开放的雄花，去掉花冠，将花粉直接涂抹在雌花柱头上，1 朵最多可授 5～6 朵，低温期间授粉效果不明显；一般用 20～30 毫克/千克 2，4 - D 涂抹雌花梗部、柱头或子房，防止重复涂抹和滴落在茎叶上，如与 20～30 毫克/千克赤霉素，再加入 0.1％的 50％速克灵可湿性粉剂混合涂抹，可达到防止化瓜、促进生长、减轻病害的目的。

2. 塑料大棚春提前栽培 塑料大棚栽培西葫芦有春提前和秋延后两种栽培方式，但以春提前为主。

（1）品种选择 选择早熟性强、耐低温弱光、对温度适应性广、生长势适中、适于密植、商品性好的优良品种，如中葫 3 号。

（2）播种育苗 一般从定植向前推 30 天即为播种适期。长江中下游地区可于 1 月下旬温室电热线育苗，2 月下旬至 3 月上旬定植到大棚，4 月中下旬至 5 月上旬开始采收上市。华北地区 2 月上旬至 3 月上旬播种，3 月中旬至 4 月上旬定植，5～6 月为上市的主要时期。

（3）整地施肥　重施基肥，施足有机肥，并施适量磷钾肥。可结合春耕每亩撒施腐熟鸡粪或农家肥5 000～7 500千克，作畦后再沟施优质鸡粪、饼肥100千克，三元复合肥30～50千克。深翻土地30厘米左右，将肥土充分掺匀，耙平，耙细。

（4）定植　当低温稳定在10℃以上时即可定植。选晴天上午进行，高垄栽培，地膜覆盖。种植密度根据各品种的特征特性而定，一般每亩1 600～2 000株。采用大小行插花种植，行距60～80厘米，株距45～50厘米。浇透定植水。

（5）定植后管理

温度管理：缓苗期，白天25～30℃，夜间18～20℃；缓苗后适当降温，白天25℃，夜间12～15℃；坐瓜后，白天25～28℃，夜间15℃。

肥水管理：缓苗期可选晴天上午浇一次缓苗水，以后控水蹲苗直到开花坐果，当第一瓜50％坐住后，浇第一水。以后的水分管理按"浇瓜不浇花"的原则进行。为了防止徒长，每次浇水不宜过大，一般一次肥水一次清水。每亩施尿素7～10千克。后期切忌单独追施氮肥，要配合磷钾肥和氮肥交替使用。一般每亩追施磷酸二铵20千克，硫酸钾25千克。

人工授粉：早春大棚内温度较低，西葫芦坐瓜困难，可用20～30毫克/千克2，4-D溶液涂抹雌花柱头，每天上午8～9时进行。选用熊蜂授粉，结合人工授粉，以提高坐瓜率。

植株管理：植株生长中后期，茎蔓在地上匍匐，植株遮阴，通风透光性差，要及时摘除病、残、老叶以及侧芽、卷须，以免发生病害和消耗过多的养分，影响产品质量。

3. 塑料大棚秋延迟栽培

（1）品种选择　选用苗期抗热性强、抗病的早熟品种。目前具备这种特性的品种还不多，所以仍选过渡性品种早青等

（2）适宜播期　当地初霜期前2个月为适宜播期，长江流域

在8月下旬至9月上旬。播得太早幼苗在高温条件下易发病，播得过晚影响产量。一般播后7天可长出1片真叶，20天左右可达4片真叶。

幼苗长至3叶1心或4叶1心时定植。定植前结合深翻每亩施入8 000千克有机肥、50千克磷酸二铵、30千克硫酸钾，并整地作畦。

（3）栽培管理　秋西葫芦较适合于在土壤肥沃的老菜园栽培，整地时每亩地平整后按行距80厘米打埂做垄，在垄上按50厘米的株距开穴。

定植后到根瓜采收约需20～25天，这段时间以降温为主。大棚通风量要大，棚内白天25～30℃，夜间18～20℃，以促进缓苗。若外界气温过高，适当盖遮阳网。

缓苗后应降低温度以防徒长，浇一次水，水量不宜过大，在根瓜坐住之后，再浇一次水，结合浇水每亩追施尿素20～30千克。根瓜采收后至第4～5个瓜长成，为结瓜盛期，管理要点是每5～7天浇一次水。为控秧促瓜，应在每次摘瓜前两天浇水，隔一水追一次肥，每次每亩追施磷酸二铵20～30千克、硫酸钾20千克。结果后期，外界气温逐渐降低，要适当控制通风量，维持棚内白天25～28℃，夜间15～20℃。

早覆盖防寒。秋延后西葫芦在气温降到20℃以下时，应考虑扣膜覆盖。具体覆盖时间要看播种早晚，为安全起见，一般北方应在当地初霜之前10天扣棚膜。扣膜前期因白天中午温度尚高，边膜不用压土，以利及时放风，避免徒长。大棚只有单层薄膜，当外界气温下降到−2℃，棚内温度才0℃左右，此时大棚秋延后也正好结束。

覆盖后应严格控制湿度。大棚和日光温室秋延后覆盖后，外界气温逐渐降低，放风时间应逐渐缩短，通风量也逐渐变小，此时应控制湿度，少浇水，否则易导致病害。

四、西葫芦病虫害防治

西葫芦的主要病害有病毒病、白粉病、灰霉病、褐斑病、疫病、黑星病、霜霉病、猝倒病、炭疽病等。

（一）主要病害防治

1. 病毒病　病毒病由黄瓜花叶病毒或甜瓜花叶病毒等多种病毒单独或复合侵染所致。由棉蚜、桃蚜或汁液接触传染，整个生育期均可发病。

症状：主要危害叶片和果实。叶片受害后呈系统花叶型、皱缩型，花叶型主要表现为叶片出现淡黄色不明显斑纹，后呈浓淡不一的小型花叶斑驳，严重时顶叶畸形，变成鸡爪状，叶色加深，有深绿色疤斑。皱缩型表现比花叶型明显，新长出的叶片沿叶脉出现浓绿色隆起皱纹，或出现皱叶、裂片，或变小，有时出现叶脉坏死，节间缩短，植株矮化，严重时病株矮小，结果少，甚至不结果。果实受害后，果实近瓜柄处出现花线花斑，果面具瘤状突起而产生凹凸不平，果实多为畸形，严重时病株枯死。

发生规律：高温、干旱、日照强有利于发病，田间管理粗放、杂草多或邻近越冬菠菜、早播芹菜、莴苣等种植田，发病早且病害重。缺水、缺肥，植株抵抗力低，发病也会加重。一般露地西葫芦发病重于保护地，保护地秋茬西葫芦重于春茬西葫芦。高温、干旱导致病害严重发生。感染病毒后，在 18℃ 和 25℃ 时，病毒潜伏期分别为 11 天和 7 天。

防治方法：播种前种子用 10％ 磷酸三钠浸种 20 分钟，消毒，清水洗净后浸种催芽。发病初期喷 20％ 病毒 A 可湿性粉剂 500 倍液或 1.5％ 植病灵乳剂 800～1 000 倍液、抗毒剂 1 号 300 倍液，隔 7～10 天喷洒一次，共喷 3～4 次，药剂交替使用。

2. 白粉病　白粉病苗期至收获期均能发生。10～25℃ 均可发病，20～25℃ 发病严重，植株徒长、管理粗放、高温干旱和高湿交替出现可诱使该病发生。主要危害叶片，茎蔓次之。发病初期叶面或叶背产生近圆形白色小粉斑，其后发展成边缘不明显的连片白粉，严重时全叶布满白粉，发病后期白粉变黑。

及时放风排湿，发病初期及时清除中心病株，并掩埋，不偏施氮肥，增施磷钾肥，提高植株的抗病能力；适量灌水，阴雨天或下午不浇水，预防冻害；使用百菌清烟雾剂熏蒸；用25％粉锈宁可湿性粉剂2 000倍液喷雾，每隔5～7天喷一次药。

3. 灰霉病 灰霉病是越冬茬和秋冬茬温室西葫芦栽培中的主要病害，危害极大。由真菌侵染，气温在23℃、相对湿度大于94％时易发病。植株生长衰弱、低温寡照均可加重病害发生。主要危害幼瓜。病菌从开败的花侵入，长出灰色霉层后直侵入瓜条，造成脐部腐败。被危害的瓜条脐部变黄变软、萎蔫腐烂、病部密生灰色霉层。茎、叶接触病瓜后也可发病，大块腐烂并长有灰绿色毛。西葫芦灰霉病与化瓜在潮湿状况下的症状很相似，需详加分别，以免贻误防治时机。

综合防治：起垄覆盖，膜下暗灌，通风排湿，降低空气湿度。加强田间管理，防止植株生长过旺和徒长，培育健壮植株。注意放风，降低湿度，不要在阴雨天或下午浇水，不能大水漫灌；保持棚内清洁，尽量避免闲散人员到棚内到处走动，及时将病瓜、病叶带出棚外深埋。

激素沾花时加入速克灵进行预防。发病初期用50％速克灵1 000倍或50％多菌灵500倍液、70％甲基托布津500倍喷雾，5～7天一次，连喷2～3次；也可在蘸花时加入少量速克灵，可有效防治灰霉病。

（二）主要虫害防治

西葫芦的主要虫害有瓜蚜、白粉虱、B-生物型烟粉虱、红蜘蛛、瓜蓟马、黄守瓜、黄条跳甲、蛴螬、种蝇、小地老虎等。

1. 瓜蚜 在西胡芦叶背、嫩茎和嫩尖上吸食汁液，分泌蜜露，致使叶片卷缩，瓜苗萎蔫。

防治方法：对蚜虫要消灭在初发阶段，可喷施25％敌杀死乳油 2 000～3 000 倍液或 2.5％溴氰菊酯乳油 2 000～3 000 倍液、10％吡虫啉可湿粉剂 2 000～3 000 倍液。注意几种农药交替使用，以免蚜虫产生抗药性。

2. 白粉虱　集中栖息于嫩叶背面，吸取汁液并产卵，致使叶片生长受阻而变黄，植株生长发育不良，又加上成虫或若虫分泌大量蜜露，堆集于叶面或瓜面，引起煤污病，影响叶片光合作用和正常呼吸作用，导致叶片萎蔫、植株枯死，甚至传播病毒。

防治方法：在危害初期，可用 10％扑虱灵乳油 1 000 倍液或 2.5％灭螨猛乳油 1 000 倍液喷洒，对成虫、卵和若虫皆有效。也可用 2.5％溴氰菊酯 1 500 倍液喷洒叶片，重点喷幼嫩叶背面，效果也较好。

五、西葫芦采收、分级包装及贮藏保鲜

1. 采收　适时采收商品瓜，可节约养分，促进茎叶生长，促进上层幼瓜迅速发育膨大。一般在定植后 55～60 天即可进入采收期。第一雌花的幼果长到 200～300 克时需及时采收，如果拖延将会"坠秧"。

一般开花后 10 天可采收 250 克嫩瓜，但绝不要抢摘半成品的小商品瓜，以便把化瓜的可能性降低至最低水平。采收要根据植株长势灵活掌握，生长势强的多留瓜，留大瓜，适当晚收；生长势弱的少留瓜，早采收。

2. 分级包装　剔除病果、腐烂果和伤果，并依据西葫芦果实的不同形状、大小、重量、色泽等，按不同分类标准将合格果分为不同等级，分别包装成件。

果蔬作为新鲜产品供应市场，应该用一定的材料制成适当的装盛容器，使其保持良好的商品状态、品质和食用价值。现在市场上长途运输和外销的西葫芦均以厚纸单果包装后再装箱，一箱 25 千克左右。

3. 贮藏保鲜　西葫芦产品大多以嫩果供食，但采用合适的

贮藏方法可调节市场供应。采用适宜的贮藏方法可延缓衰老，最大限度保持产品本身的耐贮性和抗病性。各地可根据贮藏时间长短和设备条件等因地制宜选择适合的方式。主要有窖藏、堆藏、架藏及嫩瓜贮藏等4种方式。

窖藏：生育期间不宜使瓜直接着地，并要防止暴晒。采收时谨防机械损伤。宜选用主蔓上第二个瓜，根瓜不宜作贮藏用。西葫芦采收后应在24～27℃下放置2周，使瓜皮硬化后再放置到地窖中贮藏。

堆藏：在室内地面铺麦草，将老熟瓜瓜蒂向外瓜顶向内，依次码成圆堆，每堆15～25个，以5～6层为宜。也可装筐贮藏，筐内不要装得太满，瓜筐堆放以3～4层为宜。堆码时留出通道。贮藏前期气温较高，晚上应开窗通风换气，白天关闭遮阳。气温低时关闭门窗防寒，温度保持在0℃以上。

架藏：在空屋内，用竹、木或钢筋做成分层的贮藏架，架底垫上草袋，将瓜堆在架子上，或用板条箱垫一层麦秸作为容器。此法透风散热效果比堆藏好，贮藏容量大，便于检查。其他管理同堆藏法。

嫩瓜贮藏：嫩瓜应在5～10℃及95％空气相对湿度下贮藏，采收、分级、包装、运输时轻拿轻放，勿损伤瓜皮。按级别用软纸逐个包装，放在筐内或纸箱内贮藏。临时贮存时尽量放在阴凉通风处，最好贮存在适宜温度和湿度的冷库。在冬季长途运输时，要用棉被和塑料布密封覆盖，以防冻伤，一般可贮藏2周左右。

黄　瓜

彩图1-1　全雌性单性结实黄瓜

彩图1-2　塑料薄膜日光温室

彩图1-3　塑料连栋大棚

彩图1-4　镀锌钢管装配式大棚

彩图1-5　黄瓜适栽幼苗形态标准

彩图1-6　连栋智能温室

彩图1-7　黄瓜霜霉病多角形、黑色霉层典型病症

彩图1-8　黄瓜白粉病典型病症

彩图1-10　叶片上繁殖生长的蚜虫

彩图1-9　田间黄瓜枯萎病发生情况

彩图1-11　用黄色粘虫板诱杀蚜虫

彩图1-12　烟粉虱在叶片背面活动繁殖

彩图1-13　烟粉虱分泌物引起的煤污　　　　彩图1-14　粘虫板诱粘

彩图1-15 种植蓖麻趋避成虫

彩图1-16 瓜绢螟危害黄瓜叶片

苦 瓜

彩图2-1 不同类型的苦瓜

彩图2-2 苦瓜电热温床育苗

彩图2-3 苦瓜穴盘育苗

彩图2-4 苦瓜的花

彩图2-5 苦瓜老熟果

彩图2-6 苦瓜白粉病

彩图2-7 苦瓜霜霉病

彩图2-8 苦瓜炭疽病

彩图2-9 塑料大棚生产苦瓜

彩图2-10 连栋大棚生产苦瓜

彩图2-11　日光温室生产苦瓜

彩图2-12　苦瓜吊蔓栽培

彩图2-13　苦瓜吊蔓平架栽培

南　瓜

彩图3-1　白香玉

彩图3-2　碧玉

彩图3-3　彩佳

彩图3-5　观赏南瓜

彩图3-4　长香玉

彩图3-6　红香玉

彩图3-7　青香玉

彩图3-8　小佳碧玉

彩图3-9　旭日

彩图3-11　裸仁南瓜籽生产2

彩图3-10　裸仁南瓜籽生产1

彩图3-12　南瓜设施生产1

彩图3-13　南瓜设施生产2

彩图3-14　南瓜设施生产3

彩图3-15　南瓜设施生产4

彩图3-16　南瓜设施生产5

西 葫 芦

彩图4-1　日光温室栽培西葫芦

彩图4-2　西葫芦花

彩图4-3　西葫芦幼果

彩图4-4　西葫芦矮生

彩图4-5　西葫芦半蔓生

彩图4-6　西葫芦蔓生

彩图4-7　西葫芦白粉病

彩图4-8　西葫芦病毒病

彩图4-9　西葫芦灰霉病